大庆市绿色宜居城市建设与城市生态系统耦合研究

王巍 著

吉林人民出版社

图书在版编目（ＣＩＰ）数据

大庆市绿色宜居城市建设与城市生态系统耦合研究 /
王巍著. -- 长春：吉林人民出版社, 2022.8
　ISBN 978-7-206-19349-1

　Ⅰ.①大… Ⅱ.①王… Ⅲ.①城市环境—城市建设—
研究—大庆②城市环境—环境生态学—研究 Ⅳ.
①X321.235.3②X21

中国版本图书馆CIP数据核字(2022)第190383号

大庆市绿色宜居城市建设与城市生态系统耦合研究
DAQING SHI LVSE YIJU CHENGSHI JIANSHE YU CHENGSHI SHENGTAI XITONG OUHE YANJIU

著　　者：王　巍

责任编辑：卢俊宁　　　　　　　封面设计：百悦兰棠
　　　　　　　　　　　　　　　　　　　　　　[BAIYUE LANTANG]

吉林人民出版社出版发行（长春市人民大街7548号　邮政编码：130022）

印　　刷：三河市嵩川印刷有限公司

开　　本：787mm×1092mm　　　1/16

印　　张：9.25　　　　　　　　字　　数：100千字

标准书号：ISBN 978-7-206-19349-1

版　　次：2023年1月第1版　　　印　　次：2023年1月第1次印刷

定　　价：58.00元

如发现印装质量问题，影响阅读，请与出版社联系调换。

前　言

大庆市坚持生态优先、绿色发展，把人与自然和谐共生融入城市规划建设管理全过程，加快推进重大生态工程建设，努力打造生态宜居城市，以实际行动践行生态文明思想，构筑绿色自然宜居宜业城市空间。

大庆市现有草原 597.5 万亩、湿地 747 万亩、湖泊 217 个，地热静态储量 5 000 亿立方米，扎龙湿地等自然保护区 15 个。先后获得"全国文明城市""国家卫生城市""国家环保模范城市""国家园林城市""中国特色工业文化体验旅游城市"等多项殊荣，被誉为"绿色油化之都""天然百湖之城""北国温泉之乡"。

大庆市在两型社会建设上取得了一定的成就，近年来，一直致力于打造功能完备、宜居适度的生活空间，坚持把创造优良人居环境作为城市建设发展的中心目标。本研究立足城市生态系统理论，依据大庆市的发展特点，建立大庆市绿色宜居城市评价指标和城市生态系统评价模型，确定两者间的耦合因子，提出实现城市生态建设与城市宜居建设的最佳方案，使城市生态系统的建设目标更明确，可持续发展的理论内涵更充实，对城市建设的指导作用更具体。

　　本书得到了大庆哲学社会科学规划项目"大庆市绿色宜居城市建设与城市生态系统耦合研究"（项目编号 DSGB2021051）的资助，得到了赵桂燕、卞纪兰、刘忠宇等同事和朋友的资料支持，在此一并表示深深的感谢。

王　巍

2022 年 5 月

目　录

第一章　绪　论···　1

一、研究背景及问题的提出·······························　2

二、国内外研究现状·······································　5

三、研究主要内容及创新之处···························　13

第二章　宜居城市与城市生态系统的概念及基本理论········　17

一、宜居城市的概念及内涵·······························　18

二、城市生态系统的概念及内涵···························　52

三、耦合概念的界定·······································　56

四、宜居城市与城市生态系统基本理论···················　58

第三章　大庆市宜居城市发展现状···························　77

一、大庆市经济发展现状·································　78

二、大庆市宜居城市建设现状·······························　85

第四章　大庆市城市生态系统评价研究·····················　99

一、大庆市城市生态系统评价指标体系构建···············　100

二、大庆市城市生态系统评价 …………………………………… 104

第五章　大庆市城市宜居性评价研究 ……………………… 109

一、大庆市基本概况 …………………………………… 110

二、数据获取与处理 …………………………………… 112

三、大庆市宜居性评价体系 …………………………………… 114

四、城市宜居性评价模型及结果 …………………………… 124

第六章　大庆市宜居城市建设与城市生态系统

　　　　耦合因子分析 ……………………………………… 127

一、自然环境因子 …………………………………… 128

二、人口因子 …………………………………………… 130

三、经济因子 …………………………………………… 131

四、社会因子 …………………………………………… 131

第七章　大庆市宜居城市建设措施 ……………………… 133

一、构建良好的城市生态系统 ……………………………… 134

二、贯彻绿色理念，坚持发展与保护协同共进 ………… 135

三、完善城市基础设施建设 ……………………………… 136

四、构建可持续的城市经济环境体系 …………………… 137

参考文献 ……………………………………………………… 138

第一章

绪　论

一、研究背景及问题的提出

（一）研究背景

人与自然是生命共同体，人类必须尊重自然、顺应自然、保护自然。"美丽中国"的生态文明建设目标在党的十八大第一次被写进了政府工作报告，为建设生态宜居城市指明了方向。建设生态宜居城市，既是推动经济社会又好又快发展的重要任务，也是改善民生，实现全面、协调、可持续发展的必然选择。

建设生态宜居城市的重点是改善生态环境。对于我国来说，良好的自然环境是得天独厚的优势，也是数代中国人留下的一笔丰厚的"家产"。但长期以来，由于生产方式粗放，产业结构不合理，经济发展过速导致城市环境急速恶化，造成了环境污染、交通拥堵、服务设施缺失、历史人文景观破坏严重等一系列"城市病"，制约了城市宜居性的发展。

城市是人类技术进步、经济发展和社会文明的结晶。城市系统是城市生态系统和城市经济系统的复合系统。只有把整个城市作为一个完整的生态系统，全面分析该系统的结构和功能及其协调度，才能找到制约该系统生态效率进一步提高的关键因素，从而整合各种资源，实现城市的可持续发展。只有充分利用好自然资源，改善城市生态环境，治理城市环境污染，把城市建设成为生态城市，才能推动城市经济高质量发展。宜居城市建设是城市经济建设的主要部分，与人们的生活、经济、文化和政治有着紧密的联系。建设绿色、和谐宜居城市是市民对未来城市发展理想状态的一种期许，也是对过去粗放型城市发展的一种批判。建设一个生态宜居城市，需要综合考虑经济、社会、文化、人口等各方面因素。

建设生态宜居城市的目标是实现城市宜居。不只是保护生态及防治污染，还要在建设生态宜居城市的基础上实现人与自然的和谐相处，使人们的幸福指数和生活质量不断提高。实现生态宜居城市与城市生态系统耦合协调统一，可以有效地解决环境与经济、人口和文化与生态经济城市建设所积累的各种矛盾问题。优美的人居环境、完善的公共基础设施、畅通无阻的道路，人们在这样的城市生活幸福指数也会不断提升。

（二）问题的提出

生态环境是人类生存的物质基础，也是经济系统运行的基础。生态环境问题是指由于生态平衡遭到破坏，导致生态系统的结构和功能严重失调，从而威胁到人类的生存和发展的现象。目前，环境问题已成为全球性的问题。如何解决好这一问题，关系到人类社会的生存与发展。因此，采取有效的治理措施，对促进社会经济持续、健康发展具有十分重要的意义。

建设生态宜居城市，既是保障城市得以可持续发展的战略选择，也是顺应广大市民需求，构建生态社会的民心所向。

近年来，大庆市以生态优先、绿色发展为导向，大力推动生态环境质量的改善。贯彻绿色发展理念，建设美丽中国宜居城市是其发展目标。坚持把生态文明建设放在首要位置，构建绿色发展制度体系，加速推动生产体系、生活方式、生态环境绿色化，改善大气、水、土壤环境质量，建设碧水蓝天、森林环绕、绿树成荫的美丽中国典范城市，让市民在城市中也"望得见山、看得见水、记得住乡愁"！

本研究主要通过梳理绿色宜居城市与城市生态系统的研究成果，在借鉴国内外绿色宜居城市与城市生态系统研究成果和发展经验的基础上，结合大庆市城市发展现状，研究两型社会建设重要性与大庆市宜居城市建设和城市生态系统的内在关系，构建大庆市绿色宜居城市建设与城市生态系统的耦合模型，计算出大庆市城市建设与城市生态系统的耦合度，依据存在的客观问题从多个角度提出实现城市生态建设与城市宜居建设的最佳路径，为保护大庆市生态环境、推进城市生态建设、改善并优化人居环境、增强城市的综合竞争力提供可借鉴和可操作的策略和方法。

二、国内外研究现状

（一）国内研究现状

1. 宜居城市建设研究

刘守义（2008）分析了张家口市建设生态宜居城市成果：实施了扩城上山、修河蓄水、工业外迁、大城建、"增绿添彩"等工程；实施了净水源、堵沙源、丰菜篮等措施；提出了建设张家口生态宜居城市，营造绿色保护屏障的策略。促进环境保护、生态治理与经济增长同步发展，突出解决环境污染治理问题，重点处理好宏观调控和市场运作的关系，切实加大资金投入，逐步完善考核、预警、监测系统。王小双、张雪花、雷喆（2013）从城市经济、文化教育、基础设施、生态环境和社会保障等五个方面构建了天津市生态宜居城市指标体系，用主成分分析法对城市生态宜居程度展开综合评价。研究结果表明天津市生态宜居城市建设整体处于较高水平，未来发展过程中更应注意基础设施、文化教育、城市经济发展三个方面。张文忠（2016）解析了宜居城市的内涵，评述国际上公认的宜居城市建设的主要经验，重点论述了宜居城市建设的基本理念及建设重点。杨普涵（2019）建设中小城市生态宜居城市，要调整城市发展的整体思路，应注重绿地系统规划，在注重城市建设用地规划的同时，努力提高城市的绿化覆盖率，切实发挥绿化系统的生态功能。周岚、施嘉泓、丁志刚（2020）以江苏探索实践为例，从"问题的提出—系统的谋划—工作的推动"等角度探究了城市建设发展方式转型，提高城市治理能力及提升城市治理水平策略。梁华江（2021）发现钦州市城镇化总体水平不高，农民城镇化的进程缓慢，产业城镇化的基础薄弱，城镇综合承载能力不足等问题仍然存在，提出了推进钦州新型城镇化的措施：以农业人口市民化提速人口城镇化、以产业高级化支撑城镇产业就业、以"港产城融合"提高城镇化水平、以一体化为目标统筹城乡新格局、以南向通道建设构筑陆海贸易新通道、以体制机制改革充分释放城镇化潜力，打造宜居钦州。

2. 城市生态系统研究

任学昌（2002）以可持续发展为目标，从地理地貌、资源状况、产业结构、能源结构、人口数量及质量等方面来分析兰州市城市生态系统，在与国内的其他四个城市做完对比后，分析认为兰州城市生态建设面临着严峻的挑战。尤其在生态环境质量方面，兰州市已经成全国乃至全世界大气污染严重的城市。对各级指数值进行分析，结果表明兰州市生态化程度较低，主要是城市结构极不合理，循环利用能源的经济投入较差。因此要大力推进林草植被和城市绿地建设，严格控制大气污染、水污染和噪声污染，推进兰州的可持续发展。

孙忠英（2007）分析认为城市作为人类的聚居地，其形成和发展与环境条件密切相关，城市与环境之间的关系，实质是人类社会与生物圈之间的联系，是人与自身生存的空间——城市，构成了一个生态系统，这个系统是否协调直接关系到城市能否实现可持续发展。

石惠春、刘伟、何剑等（2012）利用集对分析方法，将评价城市生态系统可持续发展水平的多个指标系统合成一个与最优评价集的相对贴近度，用来描述城市生态系统可持续发展水平，并将该方法应用于兰州市城市生态系统现状评价。结果表明，兰州市一直处在基本可持续发展的水平，协调程度一般，该评价方法能够很好地反映城市生态系统的发展现状，为建设生态城市提供科学依据。

张阳（2020）认为城市生态系统是一个复杂的系统，影响城市生态系统建设的宏观因素可以分为5个主要子系统：经济子系统，人口子系统，环境子系统，资源子系统和能源子系统。

3. 宜居城市建设与城市生态系统耦合研究

虽然探讨宜居城市和城市生态系统的人不少，但将城市生态系统用到宜居城市建设方面或者研究城市宜居城市建设与城市生态系统的耦合关系尚属空白，到目前为止，还没有人作为课题来专门研究宜居城市与城市生态系统的关系。虽然将宜居城市建设和城市生态系统作为一个总体来研究的成果较为缺乏，但是研究宜居城市时却经常要涉及城市生态系统，换句话说，城市生态系统是宜居城市建设必须考虑的一个重要方面，是不可或缺的内容，对于评价城市宜居指数和建设宜居城市都有着直接影响。

胡伏湘（2012）运用可持续发展理论、生态学、城市生态学、城市学和社会学的最新研究成果，构建了长沙市宜居城市评价体系、城市生态系统评价体系、城市建设与城市生态系统的耦合模型，计算出了长沙市城市建设与城市生态系统的耦合度，基于评价结果，提出了长沙市宜居城市建设的相应对策。

黄霜（2016）在某市宜居城市建设与城市生态系统耦合因子研究的基础上，分析了其建设宜居生态城市的现状与优势，进而提出了未来该市以宜居生态理念进行城市总体规划的建设措施。

娄梦玲、王桢（2020）以"生态耦合"为切入点，从景观生态学，城市功能结构理论出发，以生态空间体系构建为手法，以GIA体系为实施路径，探索生态体系、城市空间结构与形态的关联。

（二）国外研究现状

近年来，国内外专家学者们从不同角度对宜居城市建设、城市生态系统进行研究，取得了不少富有建设性的成果。但是研究宜居城市建设及城市生态系统之间的相互关系及耦合情况的文献并不多。

1. 宜居城市建设研究

EJ Mccann（2008）认为在当代北美城市政策制定中有一种倾向，即不加批判地将城市宜居性的具体理想与"创意阶层"的突发奇想联系起来，得克萨斯州奥斯汀的城市政策就存在这种情况。奥斯汀被认为是"宜居性"和"创造性"的典范，因此作者以奥斯汀为参照，确定并描述了两个相关的空间框架，这两个框架构成了"创意阶层"论点及其与城市宜居性的某种概念之间的关系。

E.Howard 首先提出了田园城市理念。C Margin、D Mosteanu、KM Olson（2011）调查分析温哥华对自动化轻轨的投资情况，认为自动化轻轨促进了高效和公平的城市交通。温哥华建造了一条造价极其昂贵的轻轨运输线路——斯基火车，随后这条线路成了这座城市宜居性的标志，是成功城市规划的典范。

F.C Margin、D Mosteanu、F Ilie（2011）介绍了宜居城市的概念、内容、评价、建设意义和功能，提出了宜居城市管理的建设措施。

Eryildiz，Semih（2012）认为宜居城市应追求全面发展和生态进步，生态城市需要适当弥补在良好生态环境下城市建设的不足。

L Morhayim（2012）采用混合研究方法，探讨无车道事件对城市社会与空间正义的影响及其局限性，分析首先关注三个无车道事件：临界质量事件、公园日事件和星期天街道事件。通过加利福尼亚州旧金山发生的物理和社会变化，分析了各种宜居城市倡导者重塑城市的努力，特别是汽车对城市形态的主导影响。

2. 城市生态系统研究

1992 年 6 月，联合国召开了"人类环境与发展大会"，将人类环境问题定格为人类所面临的巨大世纪挑战，并就实施可持续发展战略形成了统一认识，提出了人类居住区和城市可持续发展的概念。

Jerry 等采用驱动力压力状态暴露影响响应模型，以古巴首都哈瓦那为例，建立了生态系统健康评价指标体系，但并没有提出具体的可定量化指标及评价流程；M Alberti（1999）以当前城市与生态模拟建模的研究为基础，开发了一个城市生态系统建模的概念框架；Uem 提出城市生态模式，此模式可以模拟在不同的人口、经济、政策和环境条件下的与人类活动相关的环境压力；AE Sidorova，YV Mukhartova，LV Yakovenko（2014）介绍了城市生态系统的基本概念、城市生态系统的基本特征、城市生态系统的稳定性。

AE Sidorova，NT Levashova，AA Melnikova，LV Yakovenko（2015）模拟自然－人为生态系统，认为城市生态系统是一个相互作用的活性介质层次结构，其非线性是由于极端的人为负荷、自然成分和人为成分的特征时间与演化尺度不匹配以及各子系统之间正负反馈的复杂系统客观形成的。

Liu O Y，Russo A（2021）运用基于城市绿地的6种常见城市生态系统服务量化的方法和参考文献数据的 maes 框架相结合的方法，建立了城市生态系统服务量化模型。以英国典型城市切尔滕纳姆为例，提出了针对城市生态环境条件和各自服务的城市绿色基础设施战略发展新途径，以提高城市应对全球气候变化的能力。

（三）文献评述

虽然国内外专家学者分别针对宜居城市、城市生态系统两大主题展开了一系列的研究，个别论文也从不同角度对两者之间的关系进行了一些探讨，但总体上看，还存在着四个方面的不足：

1. 研究线路单一

大多数论文基本是针对单一主题进行的探讨，如以宜居城市为主题展开分析，设计宜居城市的评价体系和建设措施，或者从城市生态系统的角度来分析，重点研究城市生态系统的各种评价方法。

2. 提出对策少

将两者放在相同地位，分析它们的相互关系，建立评价模型，提出对策的相关研究比较少。

3. 研究的系统性不强

虽然对于城市生态系统的研究相对比较成熟，经典评价方法也很多，但是宜居城市概念在我国提出的时间还不长，涉及哪些学科和领域、如何确定评价指标体系、采用哪种评价方法更加合理，这些问题尚未定论，因此探讨宜居城市建设与城市生态系统耦合关系的研究普遍不够系统，大多停留在表面，不能用数字说话，没有深入展开讨论。

4. 实证研究少

有关宜居城市的理论研究较多，实证研究还比较少。宜居城市既与经济发展、环境质量、居住条件、地理位置等客观因素有关，同时也是人类舒适和幸福指数这些主观因素的反映，许多数量需要通过现场走访和民意调查才能获得，实证研究的难度大，所以大多数研究基于客观因素的评价，忽视了居民感觉的主观指标，耦合性的研究深度还不够。在城市快速发展的今天，保护城市生态系统是众所周知的常识，但探讨两者之间的耦合关系，通过评价模型计算出目前的耦合度，并提出基于评价结论的城市建设策略，让城市发展与城市生态系统能够相辅相成，还有待深入的研究。

将宜居城市建设和城市生态系统作为一个整体，运用系统论和控制论的观点，设计出相应的评价算法，将信息管理系统和专家系统融入其中，建立基础资料数据库和知识库，实时采集数据并动态评价两者的耦合状态，给出建议或者对策，行政手段和技术手段双管齐下，使城市建设步入良性发展的轨道，实现人与自然的高度和谐，城市建设与城市生态的高度协调，这是研究宜居城市建设与城市生态系统耦合这一课题的必然趋势。

综上所述，在我国关于宜居城市建设与城市生态系统的研究已经获得了较多的关注，学者们对于宜居城市建设、城市生态系统的探讨已经有了一些共识，但对宜居城市建设与城市生态系统耦合性的研究还有待深入。党的十八大以来，以习近平同志为核心的党中央高度重视社会主义生态文明建设，打造绿色生态宜居城市，必须保护城市生态系统。本研究在吸收前人研究成果的基础上，结合大庆城市发展实际情况，探讨两者之间的耦合关系，通过评价模型计算出目前的耦合度，让城市发展与城市生态系统能够相辅相成，探索生态建设和城市发展相协调的合理化路径。

三、研究主要内容及创新之处

（一）研究内容

一是对当前绿色宜居城市与城市生态系统的背景进行剖析，并对国内外绿色宜居城市、城市生态系统的相关理论与实践进行详细分析阐述。

二是立足城市生态系统理论，依据大庆市的发展特点，建立大庆市绿色宜居城市评价指标，运用主观赋值法和客观计算法确定各指标权重，从城市经济发展、城市生态环境、资源承载力、公用基础设施、社会公共保障、城市创新能力等六方面评价大庆市城市生态宜居程度。

三是在区域、县域的空间尺度上，运用区域调研与试验验证相结合、定性分析与定量研究相结合、归纳与演绎相结合的研究方法，构建大庆市绿色宜居城市建设与城市生态系统的耦合模型，计算出大庆市城市建设与城市生态系统的耦合度。

四是依据大庆市绿色宜居城市评价指标和城市生态系统耦合度分析结果，确定两者间的耦合点，依据分析结果，找出大庆市在绿色宜居城市建设与城市生态系统中不协调的因素，并提出实现城市生态建设与城市宜居建设的最佳方案。

（二）基本思路与方法

1. 基本思路

本项目主要通过梳理前人的绿色宜居城市与城市生态系统研究结

果，在借鉴国内外绿色宜居城市与城市生态系统研究成果和发展经验的基础上，结合大庆市城市发展现状，研究大庆市宜居城市建设和城市生态系统的内在关系，构建大庆市绿色宜居城市建设与城市生态系统的耦合模型，计算出大庆市城市建设与城市生态系统的耦合度，依据存在的客观问题从多个角度提出实现城市生态建设与城市宜居建设的最佳路径，为保护大庆市生态环境、推进城市生态建设、改善并优化人居环境、增强城市的综合竞争力提供可借鉴和可操作的策略和方法。

2. 本课题拟采用的研究方法

（1）文献研究法

在论文撰写之前，通过数据库及在图书馆对宜居城市建设和城市生态系统的国内外研究动态、与宜居城市建设和城市生态系统相关的理论文献进行大量的阅读和收集，对宜居城市建设和城市生态系统的相关资料的整理有个初步的认识。阅读关于大庆市城市建设与发展状况、城市生态系统优化的文献，依据前人已经取得的阶段性成果、评价指标体系的设计进行归纳总结，提出自己的观点和见解。

（2）问卷调查与实地走访结合法

通过问卷调查与实地调研相结合的方法，从城市经济发展、城市生态环境、资源承载力、公用基础设施、社会公共保障、城市创新能力等六方面确定大庆市绿色宜居城市的评价指标。

（3）系统分析方法

城市生态系统本身是一个庞大的系统问题，研究的对象就决定了研究方法，所以系统分析方法是贯穿本研究全过程的基本方法。本研究通过对大庆市城市生态建设与城市宜居建设的不协调因素的分析，探索实现城市生态建设与城市宜居建设的最佳路径。

（三）研究重点与难点

1. 重点

第一，依据大庆市的发展特点，从城市经济发展、城市生态环境、资源承载力、公用基础设施、社会公共保障、城市创新能力等六方面建立大庆市绿色宜居城市评价指标；第二，构建大庆市绿色宜居城市建设与城市生态系统的耦合模型，计算出大庆市城市建设与城市生态系统的耦合度。

2. 难点

从现有文献看，本研究只是立足于大庆市的实践探索，有些观点和结论并不能放之四海而皆准；大庆市绿色宜居城市评价指标的许多数据需要通过实地走访、问卷调查才能获得，可能存在主观性较强的问题，容易出现评价结果具有一定的片面性。

（四）主要观点及创新之处

1. 主要观点

本研究认为，在城市生态建设的进程中，城市的建设应注重人居环境改善、环境承载力与城市经济竞争协调统一，大庆市在两型社会建设的重要时期，为实现宜居城市建设与城市生态系统和谐发展，应积极推进生态建设，解决城市环境污染问题，优化环境处理能力，优化人居环境，吸引更多资源服务于城市的经济发展，增强城市综合竞争力。因此，有必要深入探索宜居城市建设与城市生态系统的内在关系，构建大庆市绿色宜居城市建设与城市生态系统的耦合模型，探索实现城市生态建设与城市宜居建设的最佳路径。

2. 本研究的创新之处

从现有文献看，对宜居城市建设与城市生态系统耦合性的研究不多，并且有待深入。开展社会主义生态文明建设，打造绿色生态宜居城市，必须加大力度保护城市生态系统。本研究在吸收前人研究成果的基础上，结合大庆城市发展的实际情况，探讨两者之间的耦合关系，通过评价模型计算出耦合度，找出大庆市在绿色宜居城市建设与城市生态系统中的不协调因素，进而探索出生态建设和城市发展相协调的合理化路径。

第二章

宜居城市与城市生态系统的
概念及基本理论

一、宜居城市的概念及内涵

（一）宜居城市的概念

城市是人类对自然进行改造的最为彻底的地方，它反映了不同历史阶段人类改造自然的价值观和人们的需求。宜居城市顾名思义即为适宜人类居住的城市，但从深层次来看，目前，学术界对宜居城市的定义尚未形成统一的意见，不同的学者对宜居城市定义有所不同，正如"生态城市""健康城市""绿色城市""可持续发展城市"等相类似的概念，因所处社会阶段的不同，不同的学者会有不同的理解和不同的标准。综合分析，尽管不同学者对宜居城市给出了不同的概念，但总体上遵循一个共同准则：最适宜人类居住及生活的城市，是宜人的自然生态环境与和谐的社会、人文环境有机结合的城市。国内外学者对宜居城市定义主要集中在自然生态环境、人文环境、城市规划、文化氛围等方面。

联合国教科文组织在 20 世纪 70 年代发起的"人与生物圈"计划，最早提出了宜居城市的思想。从 20 世纪 70 年代开始，宜居城市的研究更多地关注居民的生活质量以及影响居住区的综合因素。

1. 国外对宜居城市概念的理解

国外城市发展的核心进一步强调提高居民生活质量，城市规划面临的主要任务就是解决城市社会矛盾反映在居住空间与环境之间的不和谐问题。围绕这一核心问题，规划学、社会学、生态学、地理学以及行为科学等在研究方法和研究内容上相互交叉、互相渗透、相互借鉴，创立了很多研究范式。其中，人本主义理念主导下的城市规划被称作是解决这些问题的重要理论。人本主义认为，人们之所以选择在城市生活，是因为城市能给人们提供高度自由的生活方式，能给人们提供各种行为活动的场所，能给人们提供不同社群所依存的社区。居住区的发展与变化始终以人对自身生活质量的变化为中心，而对居住区的认识评价是人们对自身生活质量关注的结果。

Timothy D.Berg 回顾了众多学者推动纽约建设宜居城市的相关研究。他创造了宜居城市运动（The City Livable Movement）这一概念以概括这些学者的思想。他指出，宜居城市运动的核心思想就是重塑城市环境，在城市形态上，要建设适合行人的道路和街区，恢复过去的城市肌理；在城市功能上，要实现城市的工作、居住、零售等综合职能，应增强城市的多样性，使其变得更适宜市民居住。

David L Smith、Jonhston 等学者对宜居城市的论述的关注点，集中在"安全""健康""便利""舒适""美观""公正"等对居民生活和生产具有重要影响的因素。

大温哥华区制定的 Cities PLUS 远期规划对城市宜居性的定义是：

宜居性是指一个城市系统能够为其所有市民带来生理、心理和社会等方面的福利和个人发展机会。适宜的城市空间能够为市民提供丰富的精神文化财富。宜居性的重要原则是公平性、尊严感、可达性、欢畅度、参与感和权利的保障性。

P.Evans 对城市宜居性的定义包括两个方面：生存和生态可持续性。生存意味着良好的居住条件，离住地不远的工作单位，合理的收入以及健全的公共设施和服务配套。但生存必须是生态可持续性的，它不能导致环境退化，否则就会降低市民的生活质量。所以，宜居城市必须将生存和可持续性两者结合起来，在保护生态环境的前提下，实现所有市民的生存需求。

Salzano（1997）从可持续的角度发展了宜居的概念，认为宜居城市连接了过去和未来，它尊重历史，尊重后代。宜居城市保护了历史的标记（遗址、建筑规划），宜居城市反对一切对自然资源的浪费，强调要为后代保留完整的资源。宜居城市也是一个可持续发展的城市，能够满足当前居民在不减少后代的资源储量的情况下的所需。宜居城市内部的社会和物质元素必须协调一致，共同为福利、社区和社区中百姓的进步做出贡献。宜居城市中的公共空间是社会生命的中心和整个社会的焦点。一个宜居的城市必须修建或者修复成一个连续的网络，从中心地区到更远的居民点，在那里人行道和自行车道"编织"起了所有有社会品质和社区生命的地方。

Asami（2001）也强调城市环境的可持续性，他认为，对于人们居住的环境，不仅要从个人获得的利益和损害的角度来考察，如"安全性""保健性""便利性""舒适性"等，也要考虑个人对整个社会做出了何种程度的贡献，即必须建立起"可持续性"的理念。

H.Lennard 提出了作为宜居城市的九个原则，从个体、群体、城市目标和城市功能充分考虑了宜居城市的发展内涵：①在宜居城市中，市民能够感受到彼此的存在，而不是相互隔绝；②市民能够面对面地交流；③有许多活动和庆典将市民聚集起来，每个市民都以普通人的身份参与其中；④能让市民感到安全；⑤公共空间能够作为相互学习的地方，每个市民都能成为别人的师长和楷模；⑥城市应当具备经济、社会和文化等多方面的功能，不能有所偏废；⑦市民彼此尊重；⑧城市环境具有美感；⑨市民的意见得到尊重。市民能够参与到城市发展的过程中，在研究城市的居住环境时，不仅要从个人获得的利益和损害的角度来考察居住环境的概念，如"安全性""保健性""便利性""舒适性"等，还要从个人对整个社会做出了何种程度的贡献的角度出发，即必须建立起"可持续性"的理念。

2. 国内对宜居城市概念的理解

中国宜居城市出现于 2005 年 1 月，国务院批复北京城市总体规划，首次使用宜居城市的概念。同年 7 月，国务院在全国城市规划工作会议上要求各地把宜居城市作为城市规划的重要内容。

2007 年 5 月，国家建设部科技司通过《宜居城市科学评价标准》。深圳市获得首批中国宜居城市。国家建设部科技司 2007 年 5 月通过《宜居城市科学评价标准》以来，国内很多城市把宜居城市作为城市发展的目标，通过争创宜居城市提升城市管理水平，打造城市品牌，同时通过提升城市形象，营造更好的创业与生活环境，增强城市的吸引力、凝聚力和竞争力。同年 11 月上旬，广东省清远市被中国城市国际协会正式授予宜居城市牌匾，成为中国城市国际协会所授予的第一个中国宜居城市。

《宜居城市科学评价标准》由社会文明度、经济富裕度、环境优美度、资源承载度、生活便宜度、公共安全度六大部分构成。在总分 100 分中，生态环境指标占比重最大，其次为城市住房、市政设施和城市交通，体现宜居城市易居、逸居、康居、安居的内涵和基本特征，强调以人为本。空气质量、人均可支配收入、平均寿命、政务公开、就业率及流动人口就业服务等都成了重要的评分指标。简单地说，宜居城市和城市规模无关，重点是看居住在这座城市里百姓的幸福指数。全国已有 100 多个城市申报或准备申报中国宜居城市。

任致远（2005）认为宜居城市要有充足的就业岗位，是社会和谐、环境优美、文化有个性、基础设施完善配套的城市。刘语潇（2010）认为"生态宜居城市"可以理解为，在科学发展观的指导下，以城市的全面和可持续发展为宗旨，在生态系统承载能力范围内运用生态经济学原理和系统工程的方法而建立的，人性化、个性化、宜居的城市。谢华生、冯真真等则认为生态宜居城市是按照自然生态规律和以人为本原则、运用高效而可持续的规划管理方式建设的自然环境与人文环境完美结合、社会体系与生态系统协调共处的城市。王兵兵（2013）认为生态宜居城市是指该城市生态环境良好、物质丰富、生活舒适、交通便捷、文化繁荣，人们可以得到全面的发展。从时间上来讲是这种状态的可持续性，其核心是以人为本，更好地满足"人"的各种需求，寻求城市中"人"的发展。生态宜居城市是我国在建设宜居城市的过程中，针对城市中存在的"不生态""低宜居"的现状而提出的理念，它着重强调在宜居建设中要遵循生态规律，将生态理念融入进来。

从涉及范围角度考虑，可将宜居城市分为广义和狭义：狭义的宜居城市是指适合人类居住的城市，城市一般具有气候宜人、生态和谐、环境优美、治安良好、基础设施完善等特点；广义的宜居城市则是指不仅适宜人类居住，还包含经济可持续发展、社会和谐稳定、文化氛围浓厚、城市规划合理、生活舒适便捷、生态环境良好、景观优美怡人、教育资源充足、医疗条件完善等内容。同时，从涉及的社会层面考虑，又有宏观、中观、微观三个层面的含义。宏观层面上，宜居城市应该具备良好的城市大环境，包括自然生态环境、社会人文环境、人工建筑设施环境在内，是一个复杂的系统；中观层面上，宜居城市应该具备规划设计合理、生活设施齐备、生态环境优美及社区环境和谐的特点；微观层面上，宜居城市应该具备单体建筑内部良好的居室环境，包括居住面积适宜、房屋结构合理、卫生设施先进，以及通风、采光、隔音良好等功效。

（二）宜居城市的内涵

宜居城市是一个由自然物质环境和社会人文环境共同构成的复杂系统，其自然物质环境包括自然环境、人工环境和设施环境三个子系统，其社会人文环境包括社会环境、经济环境和文化环境三个子系统。各子系统必须有机结合、协调发展，共同创造健康、优美、和谐的城市人居环境，才能构成宜居城市系统。良好的生态环境，给人以舒适、惬意的享受；合理的城市规划，给人以有序、便利的感觉；浓厚的艺术氛围，让人们的心灵受到洗礼，精神得到升华。生活在这样的城市里，人们舒心、安心、放心。这样的城市就是宜居城市。

宜居城市的内涵要从六个方面考虑：

1. 宜居城市应该是经济持续繁荣的城市

经济因素是宜居城市建设的基础，是宜居城市的必要条件。城市是一个区域经济的组织、管理和协调中心，是经济要素的高密度聚集地。繁荣的城市经济，包括稳定健康的经济运行环境、合理的产业结构、发达的现代服务产业，丰厚的收入、较高的可支配收入等，城市只有拥有雄厚的经济基础、先进的产业结构和强大的发展潜力，才能为其居民提供充足的就业机会和较高的收入，才能为宜居城市物质设施建设提供保障。

2. 宜居城市应该是社会和谐稳定的城市

只有在治安良好、民族团结、社区亲和、城乡协调发展的城市，居民才能安居乐业，充分享受丰富多彩的现代城市生活，才能将城市视为自己物质的家园和精神的归宿。

3. 宜居城市应该是文化底蕴厚重的城市

文化积淀是评价一个城市是否为宜居城市的重要标准。只有具有丰厚文化底蕴的城市，才能被称为教育、科技、文化中心，才能充分发挥城市环境育人造人的职能，提高城市居民的整体素质。墨尔本是澳大利亚的工业重镇，但同时又是一个具有浓郁文化气息的城市，维多利亚国家美术馆建筑宏伟，收藏着数量众多的艺术精品。维多利亚艺术中心为人们提供了芭蕾舞、戏剧、音乐会等丰富多彩的世界级演出。值得一提的是，墨尔本拥有全澳洲唯一被列入联合国世界文化遗产的墨尔本皇家展览馆，它和著名的圣保罗教堂、弗林德斯街火车站等共同彰显出这座城市辉煌的人文历史，令人驻足赞叹。墨尔本还以时装、美食、娱乐及体育活动著称。浓郁的文化气息，让居住在这里的人们得到了精神上的愉悦和满足。

4. 宜居城市应该是城市规划合理、生活舒适便捷的城市

生活的舒适便捷主要反映在有居住舒适、配套设施齐备、符合健康要求的住房；交通便捷，公共交通网络发达；公共产品和公共服务如教育、医疗、卫生等服务质量良好；生态健康、天蓝水碧、住区安静整洁、人均绿地多、生态平衡等。如奥地利首都维也纳位于美丽的多瑙河畔，维也纳老城保存着大量巴洛克式、哥特式、罗马式建筑，这些建筑内部的卫生设备、供水、供暖、排污系统等都在不断地更新改建，其外部却始终保持原样。虽然经历过两次世界大战，但是那些被破坏

的建筑也仍然按照原样进行修复或重建。维也纳的新建筑则集中在老城之外，现代气息浓厚。这样的规划使这座城市兼具古典与现代气质。荷兰首都阿姆斯特丹有"北方威尼斯"之称，是一个地少人多的城市，但是，与其他一些大城市的喧嚣和拥挤不同，阿姆斯特丹的城市交通网覆盖面广，发达高效，人们出行方便快捷。

5. 宜居城市应该是生态环境良好、景观优美怡人的城市

景观的优美怡人是城市建设的基本要求。这既需要城市的人文景观与自然景观相互协调，又要求人文景观如道路、建筑、广场、公园等的设计和建设具有人文精神，体现人文关怀。如加拿大的重要港口城市多伦多，被人们认为是最适合人类居住的地方，这里一年四季风景如画，春天花木欣欣向荣，夏季海滩阳光灿烂，深秋树木艳丽多彩，冬日冰雪神奇梦幻。法国南部的小镇普罗旺斯，蓝天澄澈，空气新鲜。每到七八月间，紫色的薰衣草装饰着翠绿的山谷，浓郁的芳香沁人心脾，整个小镇充满了浪漫的气息。一座具有良好生态环境的城市，可以让居住在这里的人们，每时每刻都享受着大自然带来的温馨和惬意。城市建设以宜居城市建设为目标，在生态理念和方法论的指导下，持续促进城市及周边区域的经济、社会、自然环境各子系统向整体协调、稳定有序的状态演进，最后实现人与自然复合共生系统的协调发展。

6. 宜居城市应该是公共安全的城市

随着时代的发展变化，城市居住生活的内涵不断扩充，从宏观的范围上讲，既包括安全的生活空间的获得，也包括有尊严的生活空间的

保障、稳定安宁和谐的生活秩序的建立，三者中任何一个因素的缺失都会降低城市居民生活的基本质量。单就城市居民生活的安全性而言，既包括基本的生存安全问题，也包括经济安全和社会安全等问题。从社会安全角度来看，社区关系的和谐、社会福利保障的享有、教育交通医疗等公共服务配套齐全，是建立安全体面的城市居住生活的基础条件。城市必须具备抵御自然灾害以及防御、处理人为灾祸等方面的功能，以确保城市居民生命和财产安全。公共安全是宜居城市建设的前提条件，只有居民有了安全感，才能安居乐业。

（三）中国宜居城市标准

城市的宜居性需要通过指标量化才能做出相关评价，关于城市宜居性的客观评价的指标体系，因学者的研究区域和具体情况不同，制定的体系也不同。一般来说，会用环境优美度、经济富裕度、社会和谐度、生活便宜度、文化丰富度这几个维度来综合评价城市的宜居性。也有将公共安全纳入体系之中的，但由于数据难以获取，多数学者都舍弃该指标层。指标体系的选取有繁有简，城市宜居性是一个综合系统，把所有要素都囊括进指标体系也不现实，可根据具体情况进行取舍。

中国《宜居城市科学评价标准》（以下简称《标准》）2007 年 5 月 30 日正式发布。其主要内容包括：社会文明度、经济富裕度、环境优美度、资源承载度、生活便宜度、公共安全度六个方面。据了解，这个《标准》是具有导向性的科学评价标准，不是强制性的行政技术标准。评价标准实行百分制，宜居指数达到80分即认为是"较宜居城市"。

表2-1 宜居城市评价标准

大类	中类	序号	名称	单位	权重	标准值
社会文明度	政治文明	1	科学民主决策		0.9	
		2	政务公开		0.6	
		3	民主监督		0.6	
		4	行政效率		0.9	
		5	政府创新			
	社会和谐	6	贫富差距		0.4	
		7	社会保障覆盖率	%	0.3	100%
		8	社会救助		0.3	
		9	刑事案件发案率和刑事案件破案率		0.6	刑事案件发案率0.3分，标准值：0%。（负指标）刑事案件破案率0.3分，标准值：100%
		10	文化包容性		0.2	
		11	流动人口就业服务		0.2	
		12	加分、扣分项目			
	社区文明	13	社区管理		0.5	
		14	物业管理		0.5	
		15	社区服务		0.5	
		16	扣分项目			
	公众参与	17	阳光规划		1.5	
		18	价格听证		1.5	

续表 1

大类	中类	序号	名称	单位	权重	标准值
经济富裕度		人均GDP	19		万元	2	大城市4万元、中小城市2.5万元
	城镇居民人均可支配收入	20		元	3	大城市2.5万元、中小城市2万元
	人均财政收入	21		元	1	大城市0.4万元、中小城市0.2万元
	就业率	22		%	2.5	96%
	第三产业就业人口占就业总人口的比重	23		%	1.5	70%
环境优美度	生态环境	空气质量好于或等于二级标准的天数/年	24	天/年	4.8	365天/年
		集中式饮用水水源地水质达标率	25	%	4.8	100%
		城市工业污水处理率	26	%	2.4	100%
		城镇生活垃圾无害化处理率	27	%	2.4	100%
		噪声达标区覆盖率	28	%	3.6	100%
		工业固体废物处置利用率	29	%	2.4	100%
		人均公共绿地面积	30	平方米	1.2	10平方米（得80%分，正相关指标）

续表 2

大类	中类	序号	名称	单位	权重	标准值
环境优美度	生态环境	31	城市绿化覆盖率	%	2.4	35%（得80%分,正相关指标）
		32	加分项目			
	气候环境	33	加分项			
		34	扣分项			
	人文环境	35	文化遗产与保护		1.2	
		36	城市特色和可意向性		0.6	
		37	古今建筑协调		0.6	
		38	建筑与环境协调		0.6	
	城市景观	39	城市中心区景观		1.2	
		40	社区景观		1.2	
		41	市容市貌		0.6	
资源承载度	人均可用淡水资源总量	42		立方米	5	1000 立方米
	工业用水重复利用率	43		%	1	100%
	人均城市用地面积	44		平方米	2	大城市80平方米；中小城市100平方米。（非正相关指标）
	食品供应安全性	45			2	
	加分、扣分项目	46	加分项			
		47	扣分项			
生活便宜度	城市交通	48	问卷调查：居民对城市交通的满意率	%	1.2	100%
		49	人均拥有道路面积	平方米	0.6	15 平方米

续表3

大类	中类	序号	名称	单位	权重	标准值
生活便宜度	城市交通	50	公共交通分担率	%	1.2	大中城市35%，小城市直接得分
		51	问卷调查：居民工作平均通勤时间	分钟，负指标	1.2	30分钟
		52	社会停车泊位率	%	1.2	大城市150%；中等城市100%，小城市直接得分
		53	市域内主城区与区县乡镇、旅游景区的城市公交线路通达度	%	0.6	100%
	商业服务	54	问卷调查：居民对商业服务质量的满意度	%	1.2	100%
		55	人均商业设施面积	平方米	0.6	1.2平方米
		56	抽样调查：居住区商业服务设施配套率	%	0.6	100%
		57	抽样调查：1000米范围内拥有超市的居住区比例	%	0.6	100%
	市政设施	58	居民对市政服务质量的满意度	%	2.4	100%
		59	城市燃气普及率	%	0.6	100%
		60	有线电视网覆盖率	%	0.6	100%
		61	因特网光缆到户率	%	0.6	100%
		62	自来水正常供应情况	天/年	0.6	
		63	电力（北方城市包含热力）正常供应情况	天/年	0.6	365天/年

续表 3

大类	中类	序号	名称	单位	权重	标准值
生活便宜度	市政设施	64	现场考察：环保型公共厕所区域分布合理性		0.6	分布合理的，得满分；分布不合理的，得0分
	教育文化体育设施	65	抽样调查：500米范围内拥有小学的社区比例	%	0.6	100%
		66	抽样调查：1000米范围内拥有初中的社区比例	%	0.6	100%
		67	每万人拥有公共图书馆、文化馆（群艺馆）、科技馆数量	个	0.6	0.3个
		68	抽样调查：1000米范围内拥有免费开放体育设施的居住区比例	%	0.6	100%
		69	抽样调查：市民对教育文化体育设施的满意率	%	0.6	100%
	绿色开敞空间	70	抽样调查：市民对城市绿色开敞空间布局满意度	%	1.2	100%
		71	抽样调查：拥有人均2平方米以上绿地的居住区比例	%	0.9	100%
		72	抽样调查：距离免费开放式公园500米的居住区比例	%	0.9	100%
	城市住房	73	人均住房建筑面积	平方米	1.8	26平方米

续表 4

大类	中类	序号	名称	单位	权重	标准值
生活便宜度	城市住房	74	人均住房建筑面积 10 平方米以下的居民户比例	%	2.4	100%
		75	普通商品住房、廉租房、经济适用房占本市住宅总量的比例	%	1.8	100%
	公共卫生	76	抽样调查：市民对公共卫生服务体系满意度	%	1.2	100%
		77	社区卫生服务机构覆盖率	%	0.9	100%
		78	人均寿命指标	岁	0.9	75 岁
		79	扣分项目			
公共安全度	生命线工程完好率	80		%	4	100%
	城市政府预防、应对自然灾难的设施、机制和预案	81	有整套暴风、暴雨、大雪、大雾、冰凌、雷电、洪水、地震、山体滑坡、泥石流、火山、海啸、干旱等应对设施和预案的，为"较好"，得满分		2	
		82	应对设施、预案不完整的，为"一般"，得一半分			
		83	没有应对设施、预案的，为"较差"，得 0 分			

续表5

大类	中类	序号	名称	单位	权重	标准值
公共 安全度	城市政府预防、应对人为灾难的机制和预案	84	有整套恐怖袭击、火灾、群体性恐慌、群体骚乱、大规模污染、能源短缺、食品短缺、大爆炸、地下资源超采等预防措施和应对预案的，为"较好"，得满分		2	
		85	预防措施和应对预案不完整的，为"一般"，得一半分			
		86	没有预防措施和应对预案的，为"较差"，得0分			
	城市政府近三年来对公共安全事件的成功处理率	87		%	2	100%
综合评价否定条件			宜居指数即累计得分≥80分的城市，如果有以下任何一项否定条件，不能确认为"宜居城市"： 1.社会矛盾突出，刑事案件发案率明显高于全国平均水平的； 2.基尼系数大于0.6导致社会贫富两极严重分化的； 3.近三年曾被国家环保局公布为年度"十大污染城市"的； 4.区域淡水资源严重缺乏或生态环境严重恶化的。 （1）区域淡水资源严重缺乏 标准：人均淡水资源500立方米以下。 （2）区域生态环境严重恶化 标准：城区河流水质普遍劣于4类，或2级以上空气质量天数不足260天/年，或沙漠流动沙丘逼近城市边缘5千米以内。			

1. 社会文明度（权重 0.10）10 分 /100 分

社会文明是百姓宜居的重要的前提条件。

（1）政治文明（权重 0.3）3 分 /100 分

①科学民主决策（权重 0.3）0.9 分 /100 分

建立城市规划、建设、管理、发展重大决策事先征求专家、公众、民主党派、人大代表、政协委员意见制度，并贯彻执行的，为"较好"，得满分；

建立城市规划、建设、管理、发展重大决策事先征求专家、公众、民主党派、人大代表、政协委员意见制度，并部分执行的，为"一般"，得一半分；

没有建立城市规划、建设、管理、发展重大决策事先征求专家、公众、民主党派、人大代表、政协委员意见制度，或虽然建立重大决策事先征求专家、公众、民主党派、人大代表、政协委员意见制度但基本没有执行的，为"较差"，得 0 分。

②政务公开（权重 0.2）0.6 分 /100 分

城市政府开通电子政务网站并每天更新城市规划、建设、管理、发展政务信息（不涉及国家安全的所有政府文件、联系方式）的，为"较好"，得满分；

城市政府开通电子政务网站并每周更新城市规划、建设、管理、发展政务信息（包括不涉及国家安全的所有政府文件、联系方式）的，为"一般"，得一半分；

城市政府未开通电子政务网站，或虽然开通电子政务网站但一周以上都不更新城市规划、建设、管理、发展政务信息（包括不涉及国家安全的所有政府文件、联系方式）的，为"较差"，得 0 分。

③民主监督（权重 0.2）0.6 分 /100 分

按时办理人大代表和政协委员提案及建议、当地所有媒体都开设"群众来信"栏目、政府网站开设"市长信箱"并坚持一周内回复、已经开通"市长电话"并建立有督办制度、主要领导定期到信访办公室接待来访群众并建立有信访督办制度的，为"较好"，得满分；

不能按时办理人大代表和政协委员提案及建议、当地所有媒体没有全部开设"群众来信"栏目、政府网站没有开设"市长信箱"或虽然开设但一周内不回复、没有开通"市长电话"或虽然开通但经常无人接听或没有建立有督办制度、主要领导没有定期到信访办公室接待来访群众或没有建立信访督办制度的，为"较差"，得 0 分。

④行政效率（权重 0.3）0.9 分 /100 分

已经建立行政审批中心，并有整套可网上公开查询的限时审批、过错追究、缺席默认、目标责任制、追踪监察等管理制度的，为"较好"，得满分；

已经建立行政审批中心，但整套可网上公开查询的限时审批、过错追究、缺席默认、目标责任制、追踪监察等管理制度不全面的，为"一般"，得一半分；

没有建立行政审批中心，或虽然建立行政审批中心但没有整套可网上公开查询的限时审批、过错追究、缺席默认、目标责任制、追踪监察等管理制度的，为"较差"，得 0 分。

⑤政府创新（加分项目）

创造了好的城市规划、建设、管理、发展工作经验或和谐社会经验以及生态环境保护经验，被中央部委在全国推广的（以正式文件为准），加 1 分。

（2）社会和谐（权重 0.2）2 分 /100 分

①贫富差距（权重 0.2）0.4 分 /100 分

基尼系数大于 0.3、小于 0.4 的，得满分；

基尼系数小于 0.3 的，得一半分；

基尼系数大于 0.4 的，得 0 分。

②社会保障覆盖率（权重 0.15）0.3 分 /100 分

标准值：100%。

③社会救助（权重 0.15）0.3 分 /100 分

已经建立且实施流浪、贫困、受灾、孤寡群体救助制度，建有条件较好的救助站、孤儿院、福利院、养老院、法律援助中心等救助设施的，得满分；

没有建立且未实施流浪、贫困、受灾、孤寡群体救助制度，没有条件较好的救助站、孤儿院、福利院、养老院、法律援助中心等救助设施的，得 0 分。

④刑事案件发案率和刑事案件破案率（权重 0.3）0.6 分 /100 分

刑事案件发案率 0.3 分标准值：0%。（负指标）

刑事案件破案率 0.3 分标准值：100%。

⑤文化包容性（权重 0.1）0.2 分 /100 分

城市居民能够充分尊重其他人不同性别、不同民族、不同信仰、不同学历、不同种族、不同年龄、不同籍贯、不同行为方式的，为"较好"，得满分。

城市居民比较尊重其他人不同性别、不同民族、不同信仰、不同学历、不同种族、不同年龄、不同籍贯、不同行为方式的，为"一般"，得一半分。

城市居民基本不尊重其他人不同性别、不同民族、不同信仰、不同学历、不同种族、不同年龄、不同籍贯、不同行为方式的，为"较差"，得 0 分。

⑥流动人口就业服务（权重 0.1）0.2 分 /100 分

已经建立为流动人口提供就业信息和职业介绍、就业训练、社会保险等服务，并能依法处理用人单位与外来务工、经商人员的劳动争议，保护双方的合法权益的，为"较好"，得满分。

已经建立为流动人口提供就业信息和职业介绍、就业训练、社会保险等服务，但并不能依法处理用人单位与外来务工、经商人员的劳动争议，未能保护双方的合法权益的；或能依法处理用人单位与外来务工、经商人员的劳动争议，保护双方的合法权益，但没有建立为流动人口提供就业信息和职业介绍、就业训练、社会保险等服务的，为"一般"，得一半分。

没有建立为流动人口提供就业信息和职业介绍、就业训练、社会保险等服务，且不能依法处理用人单位与外来务工、经商人员的劳动争议，保护双方的合法权益的，为"较差"，得 0 分。

⑦加分、扣分项目

市民普遍重承诺、守信用，典范事例近一年被中央媒体报道 3 次以上的，加 1 分。

市民普遍缺乏信用，坑蒙拐骗事例近一年被中央媒体报道 3 次以上的，扣 1 分。

（3）社区文明（权重 0.2）2 分 /100 分

①社区管理（权重 0.25）0.5 分 /100 分

老社区抽样调查一半分。

建立有依法选举的居委会领导班子并能履行好人民调解、居民服务等职能的社区比例。标准值：100%。

新社区抽样调查一半分。

入住满一年的新建小区，民主选举并注册成立业主委员会的普及率（以房管部门登记为准）。标准值：100%。

②物业管理（权重 0.25）0.5 分 /100 分

抽样调查，入住满一年的小区，业主委员会聘请物业公司覆盖面。标准值：100%。

③社区服务（权重 0.5）1 分 /100 分

抽样调查，社区内文化、体育、卫生、家政服务设施或机构完备的社区比例。标准值：100%。

④扣分项目

业主和物业公司矛盾冲突较大较多，被省级及以上新闻媒体多次曝光的，倒扣 1 分。

（4）公众参与（权重 0.3）3 分 /100 分

①阳光规划（权重 0.5）1.5 分 /100 分

建立城市规划公示、征集公众意见制度并贯彻落实的，为"较好"，得满分；

未建立城市规划公示、征集公众意见制度，或虽然建立城市规划公示、征集公众意见制度但没有贯彻落实的，为"较差"，得 0 分。

②价格听证（权重 0.5）1.5 分 /100 分

建立价格听证制度并贯彻落实的，为"较好"，得满分；

未建立价格听证制度，或虽然建立价格听证制度但没有贯彻落实的，为"较差"，得 0 分。

2. 经济富裕度（权重 0.10）10 分 /100 分

经济富裕是宜居城市最重要的基础条件，也是宜居城市最重要的决定性因素之一。

（1）人均 GDP（万元）（权重 0.2）2 分 /100 分

标准值：大城市 4 万元、中小城市 2.5 万元的。

注：以 2005 年统计数据为准，以后按国家公布的物价涨幅自动调整。

（2）城镇居民人均可支配收入（万元）（权重 0.3）3 分 /100 分

标准值：大城市 2.5 万元、中小城市 2 万元。

注：以 2005 年统计数据为准，以后按国家公布的物价涨幅自动调整。

（3）人均财政收入（万元）（权重 0.1）1 分 /100 分

标准值：大城市 0.4 万元、中小城市 0.2 万元的。

注：以 2005 年统计数据为准，以后按国家公布的物价涨幅自动调整。

（4）就业率（%）（权重 0.25）2.5 分 /100 分

标准值：96%。

（5）第三产业就业人口占就业总人口的比重（%）（权重 0.15）1.5 分 /100 分

标准值：70%。

3. 环境优美度（权重 0.30）30 分 /100 分

生态环境恶化是当前我国城市发展中的突出问题。环境优美是城市是否宜居的决定性因素之一，主要包括生态环境、气候环境、人文环境、城市景观等四个方面。

（1）生态环境（权重 0.8）24 分 /100 分

①空气质量好于或等于二级标准的天数 / 年（权重 0.2）4.8 分 /100 分

标准值：365 天 / 年。

②集中式饮用水水源地水质达标率（%）（权重 0.2）4.8 分 /100 分

标准值：100%。

③城市工业污水处理率（%）（权重 0.1）2.4 分 /100 分

标准值：100%。

④城镇生活垃圾无害化处理率（%）（权重 0.1）2.4 分 /100 分

标准值：100%。

⑤噪声达标区覆盖率（%）。（权重 0.15）3.6 分 /100 分

标准值：100%。

⑥工业固体废物处置利用率（权重 0.1）2.4 分 /100 分

标准值：100%。

⑦人均公共绿地面积（平方米）（权重 0.05）1.2 分 /100 分

标准值：10 平方米（得 80% 分，正相关指标）。

⑧城市绿化覆盖率（%）（权重 0.1）2.4 分 /100 分

标准值：35%（得 80% 分，正相关指标）。

⑨加分项目

市区内有水质良好的海、大江、大河、天然湖泊、湿地和保护较好的国家森林公园、国家重点风景名胜区、省级风景名胜区、世界自然遗产的，加 2 分。

（2）气候环境（加分、扣分项目）

①加分项

全年 15°C 至 25°C 气温天数超过 180 天的，加 1 分。

②扣分项

全年灾害性气候天数超过 36 天的，扣 2 分。

（3）人文环境（权重为 0.1）3 分 /100 分

①文化遗产与保护（权重 0.4）1.2 分 /100 分

有世界文化遗产、世界文化景观、全国重点文物保护单位、国家历史文化名城、国家非物质文化遗产并且保护较好的，得满分；

有省级历史文化名城、省级重点文物保护单位并且保护较好的，得一半分。

②城市特色和可意向性（权重 0.2）0.6 分 /100 分

现场考察城市人文景观是否具有鲜明的特色，城市的标志、节点、通道、边界等意向要素是否清晰可辨，给人印象是否深刻：较好，得满分；一般，得一半分；较差，得 0 分。

③古今建筑协调（权重 0.2）0.6 分 /100 分

现场考察城市现代建筑与传统建筑之间的协调程度：从城市现代建筑本身的色彩、尺度、形体、质地与城市中传统建筑是否协调来评定。分为三个层次：较好，得满分；一般，得一半分；较差，得 0 分。

④建筑与环境协调（权重 0.2）0.6 分 /100 分

现场考察城市建筑与当地环境的协调程度：从城市建筑设计和施工是否考虑城市所在地理位置和气候特点来评定。分为三个层次：较好，得满分；一般，得一半分；较差，得 0 分。

（4）城市景观（权重为 0.1）3 分 /100 分

①城市中心区景观（权重 0.4）1.2 分 /100 分

现场考察城市中心区的景观：从城市的建筑设计、建筑色彩、空间布局、园林艺术等方面来评定。分为三个层次：较好，得满分；一般，得一半分；较差，得0分。

②社区景观（权重0.4）1.2分/100分

现场抽样考察城市居民社区的景观：从城市的建筑设计、建筑色彩、空间布局、建筑密度、园林艺术等方面来评定。分为三个层次：较好，得满分；一般，得一半分；较差，得0分。

③市容市貌（权重0.2）0.6分/100分

现场抽样考察城市背街小巷市容市貌：从城市空间布局、园林艺术、环卫保洁、路面完好情况等方面来评定。分为三个层次：较好，得满分；一般，得一半分；较差，得0分。

4. 资源承载度（权重0.1）10分/100分

城市资源量，决定一个城市的自然承载能力，是城市形成、发展的必要条件。资源丰富，有利于提高公众的生活质量，也是宜居城市的重要条件，其中水土资源是宜居城市的决定性因素之一。

（1）人均可用淡水资源总量（权重为0.5）5分/100分

标准值：1000立方米。

（2）工业用水重复利用率（%）（权重为0.1）1分/100分

标准值：100%。

（3）人均城市用地面积（权重为0.2）2分/100分

标准值：大城市80平方米；中小城市100平方米。（非正相关指标）

（4）食品供应安全性（权重为 0.2）2 分 /100 分

食品供应数量、质量有充分保障的，得满分；

食品供应数量、质量比较有保障的，得 50% 分；

食品供应数量、质量没有保障的，得 0 分。

（5）加分、扣分项目

①加分项

形成节约资源、节约能源等全套建设节约型城市经验的，加 1 分。

②扣分项

在禁止开发区域内开发建设的，倒扣 2 分。

5. 生活便宜度（权重 0.30）30 分 /100 分

生活方便、适宜是宜居城市最重要、最核心的影响因素，也是最重要的决定性因素之一。宜居城市应该为生活各方面的内容提供各种高质量的服务并且被广大的市民方便地享受。

（1）城市交通（权重为 0.2）6 分 /100 分

①问卷调查：居民对城市交通的满意率（%）（权重 0.2）1.2 分 /100 分

标准值：100%。

②人均拥有道路面积（平方米 / 人）（权重 0.1）0.6 分 /100 分

标准值：15 平方米。

③公共交通分担率（%）（权重 0.2）1.2 分 /100 分

标准值：大中城市 35%，小城市直接得分。

④问卷调查：居民工作平均通勤（单向）时间（分钟，负指标）（权重 0.2）1.2 分 /100 分

标准值：30 分钟。

⑤社会停车泊位率（％）（权重 0.2）1.2 分 /100 分

标准值：大城市 150%；中等城市 100%；小城市直接得分。

⑥市域内主城区与区县乡镇、旅游景区的城市公交线路通达度（权重 0.1）0.6 分 /100 分

标准值：100%。

（2）商业服务（权重为 0.1）3 分 /100 分

①问卷调查：居民对商业服务质量的满意度（％）（权重 0.4）1.2 分 /100 分

标准值：100%。

②人均商业设施面积（平方米）（权重 0.2）0.6 分 /100 分

标准值：1.2 平方米。

③抽样调查：居住区商业服务设施配套率（％）（权重 0.2）0.6 分 /100 分

标准值：100%。

④抽样调查：1000 米范围内拥有超市的居住区比例（％）（权重 0.2）0.6 分 /100 分

标准值：100%。

（3）市政设施（权重为 0.2）6 分 /100 分

①居民对市政服务质量的满意度（%）（权重 0.4）2.4 分 /100 分

标准值：100%。

②城市燃气普及率（%）（权重 0.1）0.6 分 /100 分

标准值：100%。

③有线电视网覆盖率（%）（权重 0.1）0.6 分 /100 分

标准值：100%。

④因特网光缆到户率（%）（权重 0.1）0.6 分 /100 分

标准值：100%。

⑤自来水正常供应情况（天 / 年）（权重 0.1）0.6 分 /100 分

标准值：365 天 / 年。

⑥电力（北方城市包含热力）正常供应情况（天 / 年）（权重 0.1）0.6 分 /100 分

标准值：365 天 / 年（北方城市热力供应情况标准值为当地政府规定天数）。

⑦现场考察：环保型公共厕所区域分布合理性（权重 0.1）0.6 分 /100 分

按照建设部标准，分布合理的，得满分；分布不合理的，得 0 分。

（4）教育文化体育设施（权重为0.1）3分/100分

①抽样调查：500米范围内拥有小学的社区比例（%）（权重0.2）0.6分/100分

标准值：100%。

②抽样调查：1000米范围内拥有初中的社区比例（%）（权重0.2）0.6分/100分

标准值：100%。

③每万人拥有公共图书馆、文化馆（群艺馆）、科技馆数量（个）（权重0.2）0.6分/100分

标准值：0.3个。

④抽样调查：1000米范围内拥有免费开放体育设施的居住区比例（%）（权重0.2）0.6分/100分

标准值：100%。

⑤抽样调查：市民对教育文化体育设施的满意率（%）（权重0.2）0.6分/100分

标准值：100%。

（5）绿色开敞空间（权重为0.1）3分/100分

①抽样调查：市民对城市绿色开敞空间布局满意度（%）（权重0.4）1.2分/100分

标准值：100%。

②抽样调查：拥有人均 2 平方米以上绿地的居住区比例（%）（权重 0.3）0.9 分 /100 分

标准值：100%。

③抽样调查：距离免费开放式公园 500 米的居住区比例（%）（权重 0.3）0.9 分 /100 分

标准值：100%。

（6）城市住房（权重为 0.2）6 分 /100 分

①人均住房建筑面积（平方米）（权重 0.3）1.8 分 /100 分

标准值：26 平方米。

②人均住房建筑面积 10 平方米以下的居民户比例（%）（权重 0.4）2.4 分 /100 分

标准值：0%（负指标）。

③普通商品住房、廉租房、经济适用房占本市住宅总量的比例（%）（权重 0.3）1.8 分 /100 分

标准值：70%。

（7）公共卫生（权重为 0.1）3 分 /100 分

①抽样调查：市民对公共卫生服务体系满意度（%）（权重 0.4）1.2 分 /100 分

标准值：100%。

②社区卫生服务机构覆盖率（%）（权重 0.3）0.9 分 /100 分

标准值：100%。

③人均寿命指标（岁）（权重 0.3）0.9 分 /100 分

标准值：75 岁。

④扣分项目

近一年发生过重大食品或药品安全事故，并被省级以上新闻媒体曝光的，倒扣 1 分。

6. 公共安全度（权重 0.1）10 分 /100 分

（1）生命线工程完好率（%）（权重 0.4）4 分 /100 分

标准值：100%。

（2）城市政府预防、应对自然灾难的设施、机制和预案（权重为 0.2）2 分 /100 分

①有整套暴风、暴雨、大雪、大雾、冰凌、雷电、洪水、地震、山体滑坡、泥石流、火山、海啸、干旱等应对设施和预案的，为"较好"，得满分；

②应对设施、预案不完整的，为"一般"，得一半分；

③没有应对设施、预案的，为"较差"，得 0 分。

（3）城市政府预防、应对人为灾难的机制和预案（权重为 0.2）2 分 /100 分

①有整套恐怖袭击、火灾、群体性恐慌、群体骚乱、大规模污染、能源短缺、食品短缺、大爆炸、地下资源超采等预防措施和应对预案的，为"较好"，得满分；

②预防措施和应对预案不完整的，为"一般"，得一半分；

③没有预防措施和应对预案的，为"较差"，得 0 分。

（4）城市政府近三年来对公共安全事件的成功处理率（%）（权重为 0.2）2 分 /100 分

标准值：100%。

7. 综合评价否定条件

宜居指数即累计得分 ≥ 80 分的城市，如果有以下任何一项否定条件，不能确认为是"宜居城市"：

（1）社会矛盾突出，刑事案件发案率明显高于全国平均水平的

（2）基尼系数大于 0.6 导致社会贫富两极严重分化的

（3）近三年曾被国家环保局公布为年度"十大污染城市"的

（4）区域淡水资源严重缺乏或生态环境严重恶化的

①区域淡水资源严重缺乏

标准：人均淡水资源 500 立方米以下。

②区域生态环境严重恶化

标准：城区河流水质普遍劣于 4 类，或 2 级以上空气质量天数不足 260 天 / 年，或沙漠流动沙丘逼近城市边缘 5 千米以内。

二、城市生态系统的概念及内涵

（一）城市生态系统的概念

城市生态系统既是以城市为中心、以自然生态系统为基础、以百姓需求为目标、自然再生产和经济再生产交错进行的经济生态系统，也是在城市区域内以人类作为主体的生命子系统、社会子系统和环境子系统等因素共同构成的有机生态系统。城市是一个庞大而复杂的复合生态系统，可分为社会生态系统、经济生态系统和自然生态系统三个子系统，各子系统又分为不同层次的次级子系统。在这些子系统之间，按照一定的形态结构和营养结构，组成了城市生态系统。

城市生态系统是城市居民与其环境相互作用而形成的统一整体，也是人类对自然环境的适应、加工、改造而建设起来的特殊的人工生态系统。在城市生态系统中，人类起着重要的支配作用，这一点与自然生态系统明显不同。在自然生态系统中，能量的最终来源是太阳能，在物质方面则可以通过生物的内循环而达到自给自足。城市生态系统就不同了，它所需求的大部分能量和物质，都需要从其他生态系统中（如农田生态系统、森林生态系统、草原生态系统、湖泊生态系统、海洋生态系统）人为地输入。

同时，城市中人类在生产活动和日常生活中所产生的大量废物，不能完全在本系统内分解和再利用，必须输送到其他生态系统中去。由此可见，城市生态系统对其他生态系统具有很大的依赖性，是非常脆弱的生态系统。由于城市生态系统需要从其他生态系统中输入大量的物质和能量，同时又需要将大量废物排放到其他生态系统中去，它就必然会对其他生态系统造成强大的冲击和干扰。

城市社会生态系统以人为中心，以满足居民的居住、就业、交通、供应、文体、医疗、教育及生活环境等需求为目标，为经济系统提供劳力和智力以及能量、物资的支持。城市自然生态系统，包括城市居民赖以生存的基本物质环境，如太阳、空气、淡水、林草、土壤、生物、气候、矿藏及自然景观等。城市经济生态系统以资源流动为核心，由工业、农业、建筑、交通、贸易、金融、科技、通信等系统所组成，它以物质从分散向集中的高度集聚，信息从低序向高序的连续积累为特征。

如果人们在城市的建设和发展过程中，不能按照生态学规律办事，很可能就会破坏其他生态系统的生态平衡，并且最终会影响到城市自身的生存和发展。

（二）城市生态系统的内涵

城市生态系统不仅有生物组成要素（植物、动物和细菌、真菌、病毒）和非生物组成要素（光、热、水、大气等），还包括人类和社会经济要素，这些要素通过能量流动、生物循环以及物资供应与废物处理系统，形成一个具有内在联系的统一整体。

生态系统服务功能的内涵可包括有机质的合成与分解、生物多样性的产生与维持、营养物质的贮存与循环、土壤肥力的更新与维持、环境净化与有害有毒物质的降解、植物花粉的传播与种子的扩散、有害生物的控制、自然灾害的减轻等许多方面。而在城市生命支持系统中，以下六种生态系统服务功能至关重要：净化空气（大气调节）、调节城市小气候、减低噪声污染、调节降雨与径流、处理废水（处理废物）等。

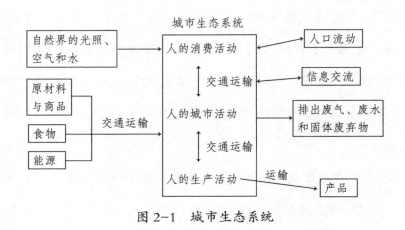

图 2-1　城市生态系统

城市生态系统各成分是由非生物环境、生产者、消费者、分解者这四部分组成的，城市是人类对自然环境干预最强烈、自然环境变化最大的地方。在城市生态系统中，非生物环境主要包括人类改造过的各种环境，如公园、街道、各种建筑物等，当然也包括阳光、空气、水等这样一些必不可少的因素。生产者主要是城市绿化中的各种植物。消费者主要指人。人与人之间没有直接的物质联系，因此人们生产和生活所需的物质和能量主要靠从外界输入。城市空间被人造环境所覆盖，缺乏充足的分解者，无法通过城市生态系统的循环，将自己的废弃物——污水、垃圾等充分自净，只能通过人工措施将其输送到城市生态系统之外。

（三）城市生态系统特点

城市生态系统具有以下五个特点：

1. 以人类为主体

城市生态系统是以人类为主体的人工生态系统。整个生态系统以城市居民为主体，人类在系统中不仅是唯一的消费者，而且也是整个系统的营造者。这个系统的规模、结构和性质由人决定，人与环境相互制约，人既是调节者又是被调节者。

2. 消费者占优势

在城市生态系统中，随着人们生产力的提高，人们在对能源和物质的处理能力上，不仅有消费量超过第一性初级生产者的生物量，还在不断发生质的变化。生物量结构呈倒金字塔形，同时需要从系统外输送大量的辅加能量。通过人工对原有能源和物质的合成或分解，形成新的能源和物质以及新的处理能力。

3. 城市生态系统是一个非自律的生态系统

城市生态系统内部生产消费和生活消费所排出的废物往往不能由自身的分解者进行分解，而是需要异地分解。在城市生态系统中，适于分解者生存并发挥其功能的环境也发生巨大变化，因此，城市生态系统的能量转变与物质循环是开放式的，它是一个非自律系统。如若资源利用率低，物质循环呈线状而不是环状，大量的物质能源以废物形式排放，加上人工合成物的引入，将会造成一定的环境污染。

4. 自我调节能力弱

城市生态系统的自我调节和自我维持功能较弱，受到干扰时，无法像自然生态系统那样依靠自我调节维持生态平衡，而需要人工干预才能维持正常运转。

5. 受社会及经济的制约

城市生态系统是一个多功能的系统，包含经济、社会、政治、文化、科学、技术、旅游等多项功能。城市生态系统对外界的依赖程度极高，从城市外输入水、空气、原料、能源等物质，经过城市的生产加工和消费后，以废水、废气和废料等物质形态向城市外界排出。一个优异的城市生态系统除要求功能多样以提高其稳定性外，还要求各项功能协调，系统内耗最小，这样才能达到系统整体的功能效率最高。

三、耦合概念的界定

耦合（概念来源于物理学），是指两个或两个以上的电路元件或电网络的输入与输出之间存在紧密配合与相互影响，并通过相互作用从一侧向另一侧传输能量的现象。概括地说耦合就是指两个或两个以上的实体相互依赖于对方的一个量度。耦合关系是指某两个事物之间如果存在一种相互作用、相互影响的关系，那么这种关系就称"耦合关系"。协调是两个或两个以上系统或要素之间一种良性的相互关联，是系统之间或系统内要素之间和谐一致、良性循环的关系。耦合度与协调度是对系统或要素之间耦合与协调状态、程度的描述和度量。

1. 耦合强度，依赖于以下几个因素

一是一个模块对另一个模块的调用；

二是一个模块向另一个模块传递的数据量；

三是一个模块施加到另一个模块的控制的多少；

四是模块之间接口的复杂程度。

2. 耦合强度的类型

（1）内容耦合

当一个模块直接修改或操作另一个模块的数据，或者直接转入另一个模块时，就发生了内容耦合。此时，被修改的模块完全依赖于修改它的模块。

（2）公共耦合

两个以上的模块共同引用一个全局数据项被称为公共耦合。

（3）外部耦合

若一组模块都访问同一全局数据项，则称为外部耦合。

（4）控制耦合

一个模块在界面上传递一个信号，如开关值、标志量等控制另一个模块，接收信号的模块的动作根据信号值进行调整，称为控制耦合。

（5）标记耦合

模块间通过参数传递复杂的内部数据结构，称为标记耦合。此数据结构的变化将使相关的模块发生变化。

（6）数据耦合

模块间通过参数传递基本类型的数据，称为数据耦合。

（7）非直接耦合

模块间没有信息传递时，属于非直接耦合。

如果模块间必须存在耦合，就尽量使用数据耦合，少用控制耦合，限制公共耦合的范围，坚决避免使用内容耦合。

四、宜居城市与城市生态系统基本理论

宜居城市的研究是以可持续发展、人居环境、生态城市等相关理论和方法为基础的，可持续发展的理念是宜居城市建设的基本指针；人居环境的研究内涵包括了宜居城市研究内容，宜居城市则是城市人居环境建设的目标；生态城市关于对城市环境和生态系统的研究对宜居城市的发展具有直接的指导意义。

（一）可持续发展理论

可持续发展理论是指既满足当代人的需要，又不对后代人满足其需要的能力构成危害的发展，以公平性、持续性、共同性为三大基本原则。可持续发展理论的最终目的是达到共同、协调、公平、高效、多维的发展。

1. 基本原则

（1）公平性原则

所谓公平性是指机会选择的平等性。可持续发展的公平性原则包括两个方面：一方面是本代人的公平即代内之间的横向公平；另一方面是指代际公平性，即世代之间的纵向公平性。可持续发展要满足当代所有人的基本需求，给他们机会以满足他们实现美好生活的愿望。可持续发展不仅要实现当代人之间的公平，而且也要实现当代人与未来各代人之间的公平，因为人类赖以生存与发展的自然资源是有限的。从伦理上讲，未来各代人应与当代人有同样的权力来提出他们对资源与环境的需求。可持续发展要求当代人在考虑自己的需求与消费的同时，也要对未来各代人的需求与消费负起历史的责任，因为同后代人相比，当代人在资源开发和利用方面处于一种无竞争的主宰地位。各代人之间的公平要求任何一代都不能处于支配的地位，即各代人都应有同样的选择机会。

（2）持续性原则

这里的持续性是指生态系统受到某种干扰时能保持其生产力的能

59

力。资源环境是人类生存与发展的基础和条件，资源的持续利用和生态系统的可持续性是保持人类社会可持续发展的首要条件。这就要求人们根据可持续性的条件调整自己的生活方式，在生态可能的范围内确定自己的消耗标准，要合理开发、合理利用自然资源，使再生性资源能保持其再生产能力，非再生性资源不再过度消耗并能得到替代资源的补充，环境自净能力能得以维持。可持续发展的可持续性原则从某一个侧面反映了可持续发展的公平性原则。

（3）共同性原则

可持续发展关系到全球的发展。要实现可持续发展的总目标，必须争取全球共同配合行动，这是由地球整体性和相互依存性所决定的。因此，致力于达成既尊重各方的利益，又保护全球环境与发展体系的国际协定至关重要。正如《我们共同的未来》中写的，"今天我们最紧迫的任务也许是要说服各国，认识回到多边主义的必要性"，"进一步发展共同的认识和共同的责任感，是这个分裂的世界十分需要的"。这就是说，实现可持续发展就是人类要共同促进自身之间、自身与自然之间的协调，这是人类共同的道义和责任。

2. 基本思想

（1）可持续发展并不否定经济增长

经济发展是人类生存和进步所必需的，也是社会发展和保持、改善环境的物质保障。特别是对发展中国家来说，发展尤为重要。目前发展中国家正饱受贫困和生态恶化的双重压力，贫困是导致环境恶化的根源，环境恶化又加剧了贫困。特别是在不发达的国家和地区，必须正确选择使用能源和原料的方式，力求减少损失、杜绝浪费，减少经济活动造成的环境压力，从而达到具有可持续意义的经济增长。既然环境恶化的原因存在于经济发展之中，其解决办法也只能在经济发展中去寻找。目前急需解决的问题是研究经济发展中存在的误区，并站在保护环境，特别是保护全部资本存量的立场上去纠正它们，使传统的经济增长模式逐步向可持续发展模式过渡。

（2）可持续发展以自然资源为基础，同环境承载能力相协调

可持续发展强调人与自然的和谐。可持续性可以通过适当的经济手段、技术措施和政府干预得以实现，目的是减少自然资源的消耗速度，使之低于再生速度。如形成有效的利益驱动机制，引导企业采用清洁工艺和生产非污染物品，引导消费者采用可持续消费方式，并推动生产方式的变革。经济活动总会产生一定的污染物和废弃物，但每单位经济活动所产生的废弃物数量是可以减少的。如果经济决策中能够将环境影响全面、系统地考虑进去，可持续发展是可以实现的。"一流的环境政策就是一流的经济政策"的主张正在被越来越多的国家所接受，这是可持续发展区别于传统发展的一个重要标志。相反，如果处理不当，环境退化的成本将是十分巨大的，甚至会抵消经济增长的成果。

（3）可持续发展以提高生活质量为目标，同社会进步相适应

单纯追求产值的增长不能体现发展的内涵。学术界多年来关于"增

长"和"发展"的辩论已达成共识。"经济发展"比"经济增长"的概念更广泛、意义更深远。若不能使社会经济结构发生变化，不能使一系列社会发展目标得以实现，那经济发展就不能被称为"发展"，而是"没有发展的增长"。

（4）可持续发展承认自然环境的价值

这种价值不仅体现在环境对经济系统的支撑和服务上，也体现在环境对生命支持系统的支持上，应当把生产中环境资源的投入计入生产成本和产品价格之中，逐步修改和完善国民经济核算体系，即"绿色GDP"。为了全面反映自然资源的价值，产品价格应当完整地反映三部分成本：资源开采或资源获取成本；与开采、获取、使用有关的环境成本，如环境净化成本和环境损害成本；由于当代人使用了某项资源而不可能为后代人使用的效益损失，即用户成本。产品销售价格应该是这些成本加上税及流通费用的总和，由生产者和消费者承担，最终由消费者承担。

（5）可持续发展是培育新的经济增长点的有利因素

通常情况认为，贯彻可持续发展要治理污染、保护环境、限制乱采滥伐和资源浪费，对经济发展是一种制约、一种限制。而实际上，贯彻可持续发展所限制的是那些质量差、效益低的产业。在对这些产业做某些限制的同时，恰恰为那些质优、效高，具有合理、持续、健康发展条件的绿色产业、环保产业、保健产业、节能产业等提供了发展的良机，培育了大批新的经济增长点。

3. 基本特征

可持续发展理论的基本特征可以简单地归纳为经济可持续发展（基础）、生态（环境）可持续发展（条件）和社会可持续发展（目的）。

（1）可持续发展鼓励经济增长

它强调经济增长的必要性，必须通过经济增长提高当代人福利水平，增强国家实力和社会财富。但可持续发展不仅要重视经济增长的数量，更要追求经济增长的质量。这就是说经济发展包括数量增长和质量提高两部分。数量的增长是有限的，而依靠科学技术进步，提高经济活动中的效益和质量，采取科学的经济增长方式才是可持续的。

（2）可持续发展的标志是资源的永续利用和良好的生态环境

经济和社会发展不能超越资源和环境的承载能力。可持续发展以自然资源为基础，同生态环境相协调。它要求在保护环境和资源永续利用的条件下，进行经济建设，保证以可持续的方式使用自然资源和环境成本，使人类的发展控制在地球的承载力之内。要实现可持续发展，必须使可再生资源的消耗速率低于资源的再生速率，使不可再生资源的利用能够得到替代资源的补充。

（3）可持续发展的目标是谋求社会的全面进步

发展不仅仅是经济问题，单纯追求产值的经济增长不能体现发展的内涵。可持续发展的观念认为，世界各国的发展阶段和发展目标可以不同，但发展的本质应当包括改善人类生活质量，提高人类健康水平，创造一个平等、自由和免受暴力的社会环境。这就是说，在人类可持续发展系统中，经济发展是基础，自然生态（环境）保护是条件，社会进步才是目的。而这三者又是一个相互影响的综合体，只要社会在每一个时间段内都能保持与经济、资源和环境的协调，这个社会就符合可持续发展的要求。显然，在新的世纪里，人类共同追求的目标，是以人为本的自然—经济—社会复合系统的持续、稳定、健康的发展。

从宜居城市的角度则更加注重以下问题：①完善的城市公共设施、公共安全、就业、就医、教育、福利等方面，这是宜居城市的硬件设施。②关注弱势群体的生存和发展。在维持环境和社会的可持续发展的同时，进一步增强城市经济活力，包括城市经济的稳定发展、住宅的供求平衡、城市结构趋于合理、就业机会充足等。③保护好传统地名和传统特色街区，延续城市历史文脉。④提高居住环境质量。要以建设现代化宜居城市为目标，规划一批有特色、高品位的开发项目，按照适度超前、集约紧凑、功能齐全等要求，配套建设市政基础设施和公共服务设施，吸引企业入驻和人口集聚，同时量力而行做好宜居城市和特色长廊规划建设。⑤提升居民的归属感。环境的可持续发展注重以人为本，因此应大力建设生态建筑、生态社区、生态城市，为居民创造更适宜的居住、生活和工作的环境。

（二）人居环境科学理论

人居环境科学是一门以包括乡村、集镇、城市等在内的所有人类聚居为研究对象的科学。1993 年吴良镛提出了人居环境科学，2001 年发表的《人居环境科学导论》中提出以建筑、园林、城市规划为核心学科，把人类聚居作为一个整体，采用分系统、分层次的研究方法，从政治、社会、经济、生态、文化艺术、工程技术等多个方面，全面、系统、科学、综合地考察人类居住环境，由此创建了人居环境科学理论体系的基本框架。

人居环境是国际学术研究的前沿，人居环境科学是一个学科群。它着重研究人与环境之间的相互关系，并强调把人类聚居作为一个整体，从政治、社会、文化、技术各个方面，全面地、系统地、综合地加以研究，而不像城市规划学、地理学、社会学那样，只是涉及人类聚居的某一部分或是某个侧面。

吴良镛认为人居环境科学应该是以人与自然的和谐为中心，以居住环境为研究对象的新学科，其研究对象应该是一个大的环境。就物质规划而言，建筑、地景、城市规划三位一体，通过城市设计整合起来，构成人居环境科学体系的核心，同时，外围多学科群的融入和发展使它们构成一个开放的学科体系。多种相关学科的交叉和融合将从不同的途径，解决现实的问题，创造宜人的聚居环境。

吴良镛认为，学科的发展，归根到底是社会发展的需求。我们面对的现实是，城市人口密集，各种城市问题突出。这些都需要对城市建设进行必要的改进。而这些改进，不是一个学科所能解决得了的。建筑解决不了城市发展存在的所有的问题。各自为政的局面令城市建设搞不好，城市建设问题解决不好，宜居的问题就无从谈起。

而现状是，搞建筑的就考虑建筑层面的问题，做施工的就局限于规划层面的问题，而非考虑整体的、综合的、系统的问题。吴良镛指出，今天的许多工程规模都很大，但专业的层次太小。三峡好像只是水利的事情，其实库区涉及方方面面的问题。整个经济系统的转型，城市系统的转型，农村系统的转型，100多万农民的转移，还有旅游等。涵盖了历史文化古迹、特殊的风景名胜、特殊的生态环境等方方面面。这些问题的解决，仅仅靠一个行业、一个学科、一个专业，是远远不够的。因此，城市、建筑、园林这三个专业有着许多共同点。一是目标相同，都是创造适宜的人居环境。所谓宜居，不但指物质环境的舒适，还应包括生态安全和回归自然。二是共同致力于土地的科学合理利用，充分保护自然资源与文化资源。三是共同建立在科学与文化艺术创造的基础之上。除此之外，在管理方面尽管有所不同，其理则一。如果以人居环境的理念作为着眼点的话，每个专业都可以有更大的发展。交叉学科真正建设起来并不容易。吴良镛认为，既要找到这些专业的共同点，又要找到各自的突破点，从而共同推进风景园林事业的发展。

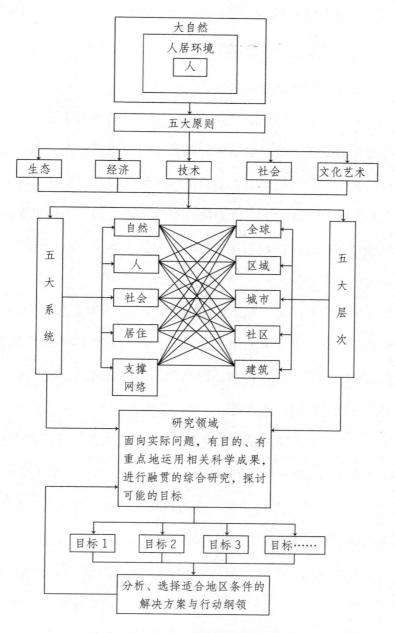

图 2-2 人居环境科学研究的基本框架

（三）生态城市理论

1. 生态城市的概念及内涵

（1）生态城市的概念

生态城市，也称生态城，是一种趋向尽可能降低对于能源、水或是食物等必需品的需求量，也尽可能降低废热、二氧化碳、甲烷与废水的排放的城市。这一概念是在 20 世纪 70 年代联合国教科文组织发起的"人与生物圈（MAB）"计划研究过程中提出的，一经出现，立刻就受到全球的广泛关注。关于生态城市的概念众说纷纭，现今仍没有公认的确切的定义。

苏联生态学家首次正式提出生态城市概念，认为生态城市是一种理想城市模式，其中技术和自然充分融合，人的创造力和生产力得到了最大限度的发挥，而居民的身心健康和环境质量得到了最大限度的保护，物质、能量、信息高效利用，生态良性循环。

关于生态城市的建设原则和理论，最具有代表性的是理查德·瑞杰斯特（Richard Register）的相关思想。他认为生态城市即生态健康城市，是紧凑、充满活力、节能并与自然和谐共存的聚居地，生态城市的标准是生命、美和公平。

从生态学的观点，城市是以人为主体的生态系统，是一个由社会、经济和自然三个子系统构成的复合生态系统。一个符合生态规律的生态城市应该是结构合理、功能高效、关系协调的城市生态系统。这里所谓结构合理是指适度的人口密度、合理的土地利用、良好的环境质量、充足的绿地系统、完善的基础设施、有效的自然保护；功能高效是指资源的优化配置、物力的经济投入、人力的充分发挥、物流的畅通有序、信息流的快速便捷；关系协调是指人和自然协调、社会关系协调、城乡协调、资源利用和资源更新协调、环境胁迫和环境承载力协调。概括来说生态城市应该是环境整洁优美、生活健康舒适、人尽其才、物尽其用、地尽其利、人和自然协调发展、生态良性循环的城市。

"生态城市"是对传统的以工业文明为核心的城市化运动的反思，体现了工业化、城市化与现代文明的交融与协调，是人类自觉克服"城市病"，从灰色文明走向绿色文明的伟大创新。它在本质上适应了城市可持续发展的内在要求，标志着城市由传统的唯经济增长模式向经济、社会、生态有机融合的复合发展模式的转变。它体现了城市发展理念中传统的人本主义向理性的人本主义的转变，反映出城市发展在认识与处理人与自然、人与人关系上取得的新的突破，使城市发展不仅仅追求物质形态的发展，更追求文化上、精神上的进步，即更加注重人与人、人与社会、人与自然之间的紧密联系。

"生态城市"与普通意义上的现代城市相比，有着本质的不同。生态城市中的"生态"，已不再是单纯生物学的含义，而是综合的、整体的概念，蕴涵社会、经济、自然的复合内容，已经远远超出了过去所讲的纯自然生态，而已成为自然、经济、文化、政治的载体。

（2）生态城市的内涵

"生态城市"是在联合国教科文组织发起的"人与生物圈计划"

研究过程中提出的一个重要概念。生态城市是一个经济高度发达、社会繁荣昌盛、人民安居乐业、生态良性循环四者保持高度和谐；城市环境及人居环境清洁、优美、舒适、安全，失业率低、社会保障体系完善；高新技术占主导地位，技术与自然达到充分融合，最大限度地发挥人的创造力和生产力；城市稳定、协调、持续发展的人工复合生态系统。

所谓人工复合生态系统，简单地说就是社会—经济—自然人工复合生态系统，蕴涵社会、经济、自然协调发展和整体生态化的人工复合生态系统。具体地说，社会生态化表现为，人们拥有自觉的生态意识和环境价值观，人口素质、生活质量、健康水平与社会进步与经济发展相适应，有一个保障人人平等，人权自由、接受教育和免受暴力的社会环境。经济的生态化表现为，采用可持续发展的生产、消费、交通和居住发展模式，实现清洁生产和文明消费，推广生态产业和生态工程技术。对于经济增长，不仅重视数量的增长，更追求质量的提高，提高资源的再生和综合利用水平，节约能源、提高热能利用率，降低矿物燃料使用率，研究开发替代能源，大力提倡使用自然能源。

环境的生态化表现为：发展以保护自然为基础，与环境的承载能力相协调。自然环境及其演进过程得到最大限度的保护，合理利用一切自然资源和保护生命支持系统，开发建设活动始终保持在环境的承载能力之内。

2. 生态城市标准

生态城市的创建标准，要从社会生态，自然生态，经济生态三个方面来确定。社会生态的原则是以人为本，满足人的各种物质和精神方面的需求，创造自由、平等、公正、稳定的社会环境；经济生态原则保护和合理利用一切自然资源和能源，提高资源的再生和利用，实现资源的高效利用，采用可持续生产、消费、交通、居住区发展模式；自然生态原则，给自然生态以优先考虑最大限度地予以保护，使开发建设活动一方面保持在自然环境所允许的承载能力内，另一方面，减少对自然环境的消极影响，增强其健康性。

生态城市应满足以下八项标准：

一是广泛应用生态学原理规划建设城市，城市结构合理、功能协调；

二是保护并高效利用一切自然资源与能源，产业结构合理，实现清洁生产；

三是采用可持续的消费发展模式，物质、能量循环利用率高；

四是有完善的社会设施和基础设施，生活质量高；

五是人工环境与自然环境有机结合，环境质量高；

六是保护和继承文化遗产，尊重居民的各种文化和生活方式；

七是居民的身心健康，有自觉的生态意识和环境道德观念；

八是建立完善的、动态的生态调控管理与决策系统。

3. 生态城市的特点

生态城市具有和谐性、高效性、持续性、整体性、区域性和结构合理、关系协调七个特点。

（1）和谐性

生态城市的和谐性，不仅仅反映在人与自然的关系上，人与自然共生共荣，人回归自然，贴近自然，自然融于城市，更重要的是反映在人与人的关系上。人类活动促进了经济增长，却没能实现人类自身的同步发展。生态城市是营造满足人类自身进化需求的环境，充满人情味，文化气息浓郁，富有生机与活力。生态城市不是一个用自然绿色点缀而僵死的人居环境，而是关心人、陶冶人的充满爱的城市。文化是生态城市重要的功能，文化个性和文化魅力是生态城市的灵魂。这种和谐乃是生态城市的核心内容。

（2）高效性

生态城市一改现代工业城市"高能耗""非循环"的运行机制，提高一切资源的利用率，物尽其用，地尽其利，人尽其才，各施其能，各得其所，优化配置，物质、能量得到多层次分级利用，物流畅通有序、废弃物循环再生，各行业各部门之间通过共生关系。

（3）持续性

生态城市是以可持续发展思想为指导，兼顾不同时间、空间、合理配置资源，公平地满足现代人及后代人在发展和环境方面的需要，不因眼前的利益而以"掠夺"的方式来达到城市的暂时"繁荣"，保证城市社会经济健康、持续、协调发展。

（4）整体性

生态城市不是单单追求环境优美，或自身繁荣，而是兼顾社会、经济和环境三者的效益，不仅要重视经济发展与生态环境协调，更要重视对人类生活质量的提高，是在整体协调的新秩序下寻求发展。

（5）区域性

生态城市作为城乡的统一体，其本身作为一个区域概念，是建立在区域平衡上的，而且城市之间是互相联系、相互制约的，只有平衡协调的区域，才有平衡协调的生态城市。生态城市从广义上来说，就是为了实现人与自然和谐共生的，要实现这目标，全球必须加强合作，共享技术与资源，形成互惠的网络系统，建立全球生态平衡系统。

（6）结构合理

一个符合生态规律的生态城市应该是结构合理的。结构合理包括合理的土地利用、好的生态环境、充足的绿地系统、完整的基础设施、有效的自然保护机制等方方面面。

（7）关系协调

关系协调是指人和自然协调，城乡协调，资源、环境和环境承载能力协调。

（四）两型社会建设理论

两型社会指的是资源节约型社会和环境友好型社会。资源节约型包含了探索集约用地方式、建设循环经济示范区、深化资源价格改革等内容；环境友好型则囊括了建立主体功能区，制定评价指标、生态补偿和环境约束政策和完善排污权有偿转让交易制度等。

1. 资源节约型社会

资源节约型社会是指以能源资源高效利用的方式进行生产，以节约的方式进行消费的社会。它不仅体现了经济增长方式的转变，更体现了全新的社会发展模式，它要求在生产、流通、消费的各个领域，在经济社会发展的各个方面，以节约使用能源资源和提高能源资源的利用效率为核心，以节能、节水、节材、节地、资源综合利用为重点，通过采取技术和管理等综合措施，厉行节约，不断提高资源利用效率，尽可能地减少资源消耗、降低对环境的损害，在此基础上获得最大的经济效益和社会效益，从而保证经济社会的可持续发展，进而满足人们日益增长的物质文化需求。

2. 环境友好型社会

环境友好型社会是一种人与自然和谐共生的社会形态，通过人与自然的和谐来促进人与人、人与社会的和谐共生。其核心内涵是人类的生产和消费活动与自然生态系统协调可持续发展。具体来说，它是一种以人与自然和谐相处为目标，以环境承载能力为基础，以遵循自然规律为核心，以绿色科技为动力，保护优先，开发有序的经济、社会、环境协调发展的社会体系。

建设资源节约型、环境友好型社会，是生态文明建设的重要内容，是深入贯彻落实科学发展观的内在要求。深化生态环保体制改革就要率先建立体现资源节约和环境友好的产业政策体系、节能环保制度体系和绿色建筑标准体系；加快形成落后产能淘汰机制、生态环境补偿机制、污染治理机制和资源节约激励机制；建立城乡一体的治污系统，完善农村垃圾处理体系，建设城市、林业、农田、湿地四大生态系统，涵养生态资源。

第三章

大庆市宜居城市发展现状

一、大庆市经济发展现状

（一）基本情况

大庆，又称为油城，以石油和石化为支柱产业，是工业产值较高的重要工业城市。人均 GDP 接近 2 万美元。大庆市下辖有 5 个区和 4 个县，地处松嫩平原，因为整体地势比较低平，因此大庆拥有着面积约 120 万公顷巨大的湿地，占到全国湿地总面积的 4.95%，占到了大庆市总土地面积的 60%。大庆湿地的生态系统比较成熟，湿地类型十分齐全，包括众多的河流、淡水湖泊和沼泽地，湿地也有着丰富的植物资源，包括草甸、灌木丛、人工林、沙地等。

大庆市辖 5 个区、3 个县和 1 个自治县，即：萨尔图区、让胡路区、红岗区、龙凤区、大同区，肇州县、肇源县、林甸县和杜尔伯特蒙古族自治县。大庆市位于黑龙江省西部，松辽盆地中央坳陷区北部，东与绥化地区相连，南与吉林省隔江（松花江）相望，西部、北部与齐齐哈尔市接壤。滨洲铁路从市中心穿过，东南距哈尔滨市 159 公里，西北距齐齐哈尔市 139 公里。大庆市总面积 21 219 平方公里，其中市区面积 5 107 平方公里。

大庆市地处北温带大陆性季风气候区，受蒙古内陆冷空气和海洋暖流季风的影响，总的特点是：冬季寒冷有雪；春秋季风多。全年无霜期较短。雨热同季，有利于农作物和牧草生长。大庆光照充足，降水偏少，冬长严寒，夏秋凉爽。大庆市年平均气温 4.2℃，最冷月平均气温 –18.5℃，极端最低气温 –39.2℃；最热月平均气温 23.3℃，极端最高气温 39.8℃，年均无霜期 143 天。

近两年，在"争当全国资源型城市转型发展排头兵 全面建设社会主义现代化新大庆"的奋斗目标指引下，大庆聚焦发力，经济发展延续了企稳回升、稳中向好态势。大庆市，无论是 GDP 增量、名义增速、人均 GDP 均高居全省第一位。大庆市 2021 年实现 GDP 为 2 620.0 亿元，在全省 13 个市区中位居第二位，占全省 GDP 总量的比重为 17.61%。相比上年同期增长了 318.9 亿元，增量高居全省第一位，名义增长速度为 13.86%，比全省增速平均值高了 5.24 个百分点。黑龙江省人均 GDP 方面，除了大庆市人均值达到 9 万元以上外，其他 12 个城市人均 GDP 均低于 6 万元。

（二）丰富的自然资源

大庆市拥有 1173.9 万亩耕地，是黑龙江省重要的商品粮生产基地。大庆拥有丰富的水资源、湿地资源、地热资源、冰雪资源、草原资源、温泉资源、油气资源，发挥"美丽乡村"的自然禀赋，以农产品加工业为主，重点发展观光农业，打造特色乡村旅游业。大庆市乡村旅游景点丰富，它拥有自然的湿地景观、丰富的地热景观、特色的石油文化景观、民族风情景观，这些都是其独有的旅游资源。

截至 2021 年底，大庆已建成鹤鸣湖湿地温泉景区、艺术村温泉景区、北国温泉景区等温泉养生旅游项目，观光农业园、农业创意产业园、农业科技示范园等乡村旅游项目。在建的鹤之海生态景区项目位于"中国温泉之乡"林甸县，该项目通过探索村民房产、土地入股等多种方式，使原住乡村居民成为股东，同时带动周边农民创业，形成产业集聚，给农民创造有利条件。大庆正打造以温泉、草原、湿地等自然资源为基础，以文化、民俗为特色，以休闲、度假为方向，以惠民、增收为目标的"温泉＋大庆特有元素"美丽乡村建设典范。项目建成后，可带动 350 户以上的农户参加创业，直接提供就业岗位 1 000 个以上，预计年接待游客突破 50 万人次，收入达到 6 000 万元，当地居民人均收入增加数千元。同时将极大地完善和提升林甸县乡村旅游的旅游基础设施和旅游接待能力，使当地的乡村旅游形成集群效应，为资源型城市的美丽乡村建设打造一份"大庆样本"。

（三）良好的生态环境

良好的生态环境是一座城市最宝贵、最持久的实力。大庆市湿地总面积 64 万公顷，扎龙湿地核心区三分之二在大庆，建成区绿化覆盖率 46.5%，人均公园绿地面积 15.2 平方米。

2021 年全年改造老旧小区 16 个，市政管网 321.6 公里，新建 5G

基站 4 719 个，东城水厂干线工程建成投用。城区植树 31.3 万株，治理"空闲地"63 万平方米，新建改建停车泊位 7 800 个。全市建成区绿化覆盖率 44.26%，全市森林覆盖率 12.99%，市区生活垃圾无害化处理率 100%，市区生活污水集中处理率 98.2%。

大庆市 2021 年环境空气质量取得历史性突破。2021 年大庆市空气优良天数 347 天，环境空气质量优良率为 95.1%，创 2012 年新空气标准实施以来历史最好水平，是东北唯一通过新国标的国家环保模范城市。2021 年是开展空气质量自动监测以来，空气质量最好的一年。根据国家环境空气质量自动监测数据显示，环境空气质量优良率较上年同期 330 天（89.1%）提升 6 个百分点，比全省优良天数比率 94.7% 高出 0.4 个百分点。细颗粒物（PM2.5）、可吸入颗粒物（PM10）等空气质量 6 项指标全面达标，其中细颗粒物（PM2.5）年均浓度为 26 微克 / 立方米，同比（28 微克 / 立方米）同比下降 7.1%，其余 5 项指标均有大幅度降低，创新标准实施以来历史最好水平。

"十二五"期间，大庆市被列为首批省级生态市试点；2015 年创建成为全省首个"省级生态市"；2018 年杜尔伯特蒙古族自治县和让胡路区被命名为国家级生态县（区）。在省内率先实行黄标车"黄改绿"；全市 266 个河湖河长制实现全覆盖；开展城乡环境十项综合整治，更新老旧供热管网 41 公里，100 个示范村整体面貌有效得到改善。

（四）合理的产业布局

在建设宜居城市的进程中，大庆市加快建设一批生态环境友好、产业特色鲜明、产品优质高效的现代农业示范区，促进大庆美丽乡村旅游宣传和新农业技术传播。在对种植业的升级改造中，大庆市着力开发绿色产品，注重品牌推广、鼓励科技创新，通过上述有效的措施发展种植业。在生产经营方面，大庆市建设"互联网＋农业"，通过大数据可以建立产品生产精准、质量安全监督、市场推广、网络商务往来的综合服务站。在畜牧业中，大庆市通过改变传统的生产方式，在美丽乡村的试点村庄建设高品质的规模化、标准化养殖场，利用互联网和人工智能进行精细化的科学生产与营销。注重于满足当地居民的生产需求，提高他们的生活质量，同时可促进乡村传统生产方式向规模化、现代化转变，合理利用土地资源，推进畜牧产业规模化和促进转型升级。

大庆市得天独厚的历史文化、地理区位、自然景观为宜居城市建设提供一定的环境基础。大庆市开发观光农业项目，发展乡村旅游，重点推动湿地景区、农业产业园区、农业科技示范园等项目。利用互联网的推广，将其产业化，吸引游客体验大庆乡村的自然资源和独特文化。大庆市美丽乡村建设的推进，为大庆乡村的生态旅游提供了广阔的发展空间，在政策和技术方面提供了保障，可以说大庆宜居城市建设与乡村生态旅游资源开发是相辅相成、相互促进的关系。

（五）完善的旅游产业规划

大庆市在林甸、萨尔图、让胡路等区建设了林萨让温泉产业带、连环湖旅游产业带、肇源县沿江旅游经济产业观光带共三条旅游产业带，这一举措对附近乡村旅游业的发展具有示范带动作用，对大庆市美丽乡村建设具有深远的意义。

基础设施的建设对当地旅游有着重要的意义，完善景区基础设施建设是美丽乡村建设的一项重大工程。例如九道沟满族风情园、古街等的建设；八井子永合村农业观光采摘园、龙湖湿地风景区的建设；林甸温泉景区、阿姆蒙古风情岛和红旗林场瑞鹤庄园等景区的建设等。在附近城市的所有交通道路、客货运站点等处，都设置旅游景点的交通标识及旅游指南图。大力打造美丽乡村度假旅游带，依托这三条旅游产业带建设，利用乡村当地独具特色的温泉、古遗址等资源，推广旅游文化、创新旅游产品。

（六）富裕和谐的幸福城市

2018 年大庆入选新时代中国全面建成小康社会优秀城市，2020 年位列全国小康城市 100 强第 73 位、跻身中国百强城市排行榜第 75 位。2021 年全市城镇居民人均可支配收入 45 876 元，比上年增长 7.0%。农村居民人均可支配收入 20 424 元，比上年增长 9.9%。

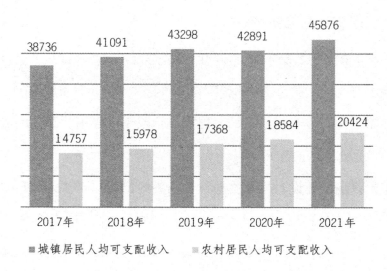

图 3-1 2017—2021 年大庆城乡居民人均可支配收入

国家级高新技术企业 405 家，各类市场主体发展到 26.3 万户。营商环境指数位列东北地区第 4 位、地级城市第 1 位，高新区成为东北地区唯一荣膺"中国十佳优质营商环境产业园区"称号的地区。拥有省级示范高中 13 所，市区学生享受优质高中教育比例达到 90%，义务教育学校标准化达标率 100%，普惠性幼儿园覆盖率达到 95.5%、高出国家标准 15.5 个百分点。医疗救治和应急检测能力全省领先，成为全省唯一一个"全国健康城市试点市"。城镇调查失业率、登记失业率分别为 5.2% 和 3.02%，城市低保实现"十七连增"。大庆还入围了"2021 中国最具幸福感"候选城市第 60 位。

全市参加城镇职工基本养老保险（含离退休）人数 56.3 万人，其中城镇职工 37.9 万人，离退休人员 18.4 万人。参加基本医疗保险人数 238.0 万人，其中参加城镇职工基本医疗保险 96.8 万人，参加城乡居民基本医疗保险 141.2 万人。参加生育保险人数 49.8 万人。参加工伤保险人数 35.7 万人。参加失业保险人数 19.6 万人。全市各类公办收养性社会福利单位床位 2 145 张，收养人员 1 020 人。城市居民享受最低生活保障人数 9 049 人，农村居民享受最低生活保障人数 35 384 人。企业职工基本养老金、城市低保实现"十七连增"，农村低保实现"十六连增"。

二、大庆市宜居城市建设现状

近年来，中国社会科学院每年都要牵头组织一次对中国地级以上城市竞争力的调查，并对外发布相关报告，该报告被业界公认为最具权威性的国内城市竞争力排名报告，对政府决策参考、城市发展研究等有较高的参考价值。此次发布的《中国城市竞争力第 17 次报告》构建了城市综合经济竞争力、宜居竞争力、可持续竞争力、宜商竞争力四大指数，对 2018 年中国 293 个城市的综合经济竞争力和 288 个城市的宜居竞争力、可持续竞争力、宜商竞争力进行了研究。

《中国城市竞争力第 17 次报告》指出，活跃的经济环境、优质的教育环境以及健康的医疗环境是形成城市宜居竞争力差异的前三位因素。从东北主要城市的排名情况看，大连位列第 18 位，沈阳位列第 23 位，大庆位列第 26 位。从大庆的位次来看，它身居黑龙江省各城市首位。

日前中国社会科学院发布的《中国城市竞争力第 17 次报告》显示，在 2018 年度全国 288 个宜居城市竞争力指数排名中，大庆位列第 26 位，处于全省首位、全国上游水平。宜居城市是指对城市适宜居住程度的综合评价，大庆在宜居城市竞争力方面排名靠前，得分较高，是对大庆优质的教育环境、健康的医疗环境、安全的社会环境、绿色的生态环境、舒适的居住环境、便捷的基础设施、活跃的经济环境等指标进行综合衡量的结果。

近年来，大庆市把握资源型城市发展的规律和特点，持续盘活城市存量、做优城市增量、提高城市质量，精心建设、巧心经营、细心管理，已将大庆建设成为宜居宜业的幸福城。

（一）提升城市功能品质

1999 年大庆市第三部城市总规划，明确了集中建设东西两个主城区的战略重点，推动城市进入集中快速建设期，建成区面积从 138 平方千米迅速扩展到现在的 248.4 平方千米，立体交通、文体场馆、生态公园、绿色廊道、休闲广场、百湖治理、湿地修复等城市品质提升行动系统化跟进。如今大庆主动适应矿区到城镇、城镇到城市的定位调整，准确把握城市发展新形势、改革发展新变化、人民群众新期待，坚持产城融合理念，地上地下综合考虑，市政公用设施水平综合承载能力被黑龙江省住房和城乡建设厅评定为全省第一。

截至 2022 年 4 月，大庆市已经建设成 2 个国家级园区、7 个省级园区，开发建设面积达到 84.8 平方公里，为重点产业发展提供了优质平台。已经初步构建起以油头化尾等雁阵式产业板块，成长为黑龙江省第二大经济体。

大庆市牢牢把握智慧城市发展趋势，建设数字城管监督指挥中心，构建"数据一个库、管理一张网、监管一条线"的数字化管理模式，通过物联网、云计算、大数据、智能感知、智能视频等现代信息手段，实现动态监控、提前研判、精准管理。大庆市已建立公安、供热、物业、执法等 10 个城市管理子系统，30 万个基础设施信息已录入数据库，对城市元素的细微动向都能及时掌握，准确做出预判和应对。

（二）提升城市承载功能

在城市规划建设中，聘请名院、名家科学论证城市空间发展战略等 5 个基础性规划，科学编制生态城市建设、生态文明建设等 40 多个专项规划，启动"加快生态环境建设三年行动计划"，打响生态城市建设"攻坚战"。大庆市致力于打造集约高效、集群承载的生产空间。立足资源禀赋和区位优势，明确主导产业和特色产业发展方向，扎实推动主城区"退二进三"，引导工业项目向标准化园区集中摆放。

坚持把创造优良人居环境作为城市建设发展的中心目标，抢抓全国城镇化发展机遇，突出缺什么建什么、差什么补什么，迅速提升城市承载功能。构建立体交通网络，绥满铁路、通让铁路交会，哈齐客运专线、大广高速公路、绥满高速公路以及市区快速干路内通外畅，大庆机场与全国 21 个区域中心城市架起空中桥梁，实现了物流、人流的快速流动；完善城市文体功能，歌剧院、图书馆、奥林匹克公园等功能设施完备，既为贯穿全年的群众性文体活动提供了便利，也为国际国内知名赛事落地创造了条件；提升公共服务能力，整合市区优质教育资源建设了大学园，打造了高中城，推动了 7 家三甲医院与国际国内名院名医交流共建。以上措施的实施，使大庆民生保障水平处在全省前列。

（三）打造宜居生活空间

大庆市致力于打造功能完备、宜居适度的生活空间；致力于打造碧水蓝天、自然为美的生态空间。践行"绿水青山就是金山银山"的发展理念，恪守生态红线、环境底线，以"三城联创"为载体，改善城市风貌，提升城市品位。以打造国家环保模范城市为牵动，系统推进城市水系连通、燃煤小锅炉和"黄标车"淘汰、"三供两治"等基础设施建设，环境问题得到有效治理。

在 2001 年大庆成为中国内陆首家环保模范城市的基础上，又连续两次通过了复检验收，成为东北地区通过第六阶段标准复核的唯一城市。以打造国家卫生城市为支撑，加快改造市政基础、改进管理机制、改变生活习惯、改善市容市貌，城市环卫机械化率、生活垃圾无害化处理率、生活污水处理率在黑龙江省处于领先水平。以打造国家园林城市为引领，持续抓环城扩绿、围矿添绿、绕湖补绿、公园增绿和空地插绿，基本构建起自然生态公园、城市景观公园、社区休闲公园、微型口袋公园多点支撑的城市园林体系，用扎实的生态建设成效擦亮了国家园林城市的"金色名片"。

目前，大庆人均住房面积超 30 平方米，较 10 年前翻了一番；电影院有 30 多家，是 10 年前的 6 倍；电影票房收入连续 4 年突破 1 亿元，是 10 年前的 5 倍，这些都说明大庆人热爱生活、更会享受生活。

近年来，大庆市委、市政府发挥主导作用，深入推进健康龙江行动，把维护人民健康权益作为出发点和落脚点，坚持大健康大卫生理念，加快医药卫生体制改革，着力建立更加完善的公共卫生、医疗保障体系，不断提升健康服务能力，为百姓健康需求筑造坚实的基础。目前，大庆市 32 家公立医院全部取消药品加成，组建医联体 28 个，成为黑龙江省唯一健康城市试点。居民大病保险指标扩面，覆盖人口达到 150 余万人。各级政府、大企业相继投资，新建了多所医院门诊楼、住院楼等，并在全省率先实施基层卫生机构标准化建设工程，新改扩建村卫生室、乡镇卫生院、社区卫生服务机构，实现了村卫生室从无到有，同时覆盖所有行政村，卫生基础设施明显改善，大庆市村卫生室建设已走在全国前列。

为了让更多的学生能享受优质的教育资源，大庆市高度重视义务教育均衡发展，目前，全市义务教育学校标准化建设任务全部完成，标准化学校验收合格率 100%。为 12 744 名留守儿童、36 780 名进城务工人员子女建立基本情况台账，出台扶助措施，为留守儿童和随迁子女接受良好教育创造了条件。积极推进特殊教育学校标准化建设，全市 4 所特殊教育学校通过省级验收，整体办学水平大幅提升。加强民族学校校长教师队伍建设，提升民族学校双语等各学科教师教育教学能力。教育对外交流合作迈出重要一步，大庆正式被英国文化教育协会（BC）确定为"中国首个普思示范城市"。

如今的大庆，有优质的教育资源、先进的医疗条件、完善的场馆设施，市民用于教育、文化、娱乐等方面的支出，占消费支出的比重超过了 50%。如今，宜居宜业的大庆，是一座活力之城、幸福之城、魅力之城。"十四五"期间，大庆将与全国、全省同步全面建成小康社会，建成产业多元发展的经济大市、彰显大庆特色的文化名市、促进区域繁荣的中心城市、环境和谐优美的生态园林城市、人民群众认同感自豪感获得感不断提升的幸福城市。

（四）积极推进碳达峰碳中和工作

从 1959 年的石油大会战开始，大庆市布产业、谋发展，以文明为清泉，洗涤出蓝天、绿水、青山的城市画卷。坚定时代的初心，这座年轻的城市为民谋幸福、谋便利、谋未来，以"民生"为根本，编织出宜居城市"民心网"。作为典型的资源型城市，大庆为国家做出了巨大的贡献，群众获得感不断增强。

在大气治理方面，大庆市开展散煤污染治理措施，以肇州、肇源两县为重点，深入推进散煤污染综合治理工作，通过实施棚户区拆迁改造 350 户、天然气入户改造 4 000 余户、农村地区散煤替代 1 850 户、庆翔热电有限公司生物质热电联产项目建成投运等散煤治理"三重一改"工作，年度削减散煤 24.8 万吨。持续开展燃煤电厂超低排放改造。年度完成 4 台燃煤火电机组实施超低排放改造目标任务，目前全市具备条件的 19 台燃煤发电机组全部完成改造；与此同时，有序推进挥发性有机物的综合治理。

在完成大庆石化、大庆炼化等中直企业 VOCs 治理工作之后，持续推进石油化工等重点行业企业 VOCs 综合治理工作，年度完成大庆油田化工集团甲醇分公司、大庆锡达石油化工有限公司等 10 个 VOCs 治理项目。织密秸秆禁烧"防火墙"，印发《大庆市 2021—2022 年有效解决秸秆露天焚烧督查工作方案》，通过"全市大气污染防治联席会议"进一步部署安排秸秆禁烧工作，动态更新调整全市"四级网格"736 个，抽调市生态、农业等部门骨干力量成立 5 个市级督查组对包片网格开展常态化禁烧督导巡检，进一步夯实禁烧责任。

积极稳妥推进大气治理、碳达峰碳中和等工作，且成效显著。碳达峰碳中和是推动高质量发展的必然要求。大庆深知作为资源型城市，特别是建设好"三个城市"，如期实现"双碳"目标，既是讲政治的要求，也是抓发展的需要。为此，大庆市积极组织企业碳排放核查、参与绿色低碳市场交易、谋划碳中和项目。

2021 年，大庆市 11 家重点碳排放企业全部完成碳排放报告核查工作。国家核定大庆市中油集团电能有限公司、华能大庆热电有限公司等 5 家发电企业二氧化碳排放配额 2 862.39 万吨，目前企业已成功纳入碳交易市场，其中中油电能完成了首笔碳交易。与此同时，大庆市已完成中国石油大庆油田马鞍山碳中和林建设项目、大庆沃尔沃汽车制造有限公司全绿电交易项目、庆翔热电有限公司生物质热电联产项目等碳中和项目。其中马鞍山碳中和林建设项目面积 510 亩，在未来 20 年吸收 6 688 吨二氧化碳，项目将中和大庆油田铁人王进喜纪念馆 2020 年和 2021 年二氧化碳，以及中国石油大庆油田马鞍山碳中和林揭牌仪式产生的 8.3 吨二氧化碳。大庆沃尔沃汽车制造有限公司全绿电交易项目为省内首笔 100% 纯绿电交易项目，为黑龙江省新能源就地消纳开创了新局面。庆翔生物质热电联产项目年可实现消耗生物质燃料约 50 万吨，替代燃煤约 16.7 万吨。

（五）秉承绿色发展理念，推动传统产业升级

与国内外许多资源型城市一样，大庆一直奋力摆脱资源依赖，寻求转型发展。大庆制定了明确的转型目标：实现传统矿区型城市向绿色生态城市转型，加快粗放消耗型生态向绿色低碳型生态跨越。

大庆市秉承绿色发展理念，打造传统产业"升级版"，运用信息化、市场化、绿色化理念和方式，嫁接先进技术、淘汰落后产能，推动石油、石化等"老字号"传统产业向中高端迈进，让老树发新芽。推动接续产业"绿色版"，将汽车、新材料、现代农业、电子信息、现代服务业等技术含量较高、资源消耗低及环境污染相对较少的产业纳入全市

重点产业规划，大力培育扶持。在大庆高新区，佳昌晶能信息材料公司、思特传媒科技公司等一批落户的高科技企业也在成长壮大，成为加速城市转型的生力军。

大庆致力于打造集研发设计、整车制造、零部件配套、销售及服务于一体的汽车全产业链，形成千亿级汽车产业集群。2019年，第三款"大庆智造"沃尔沃S60成功投产，沃尔沃大庆工厂年缴税额突破14.59亿元。同时，作为整车厂，大庆工厂产业集聚力和辐射力极强，吸引了延锋彼欧、延锋安道拓等众多世界级的零部件和工艺设备供应商落户大庆及周边地区。

同时，大庆市在招商引资和产业发展中，对企业和项目的选择格外挑剔，秉承不符合环保准入要求的，无论投资多大，一律不批不建的原则，将环保理念贯穿于招商引资与产业发展全过程。

依托良好的生态环境和文化资源，大庆打造出红色旅游、湿地旅游、温泉旅游、生态农业旅游、现代工业旅游、城市风光旅游等"八大体系"旅游产品，"油城"变身"游城"。据不完全统计，大庆仅黑鱼湖、连环湖、阿木塔湖、鹤鸣湖等13个景区，每年旅游总收入都超过百亿元。

城市的生态资源不仅带火了旅游业，也成为文艺创作的灵感源泉。大庆市歌舞团创排的《鹤鸣湖》是国内首部以生态为题材的大型舞蹈诗剧，荣获"五个一"工程奖，两度进京巡演，在全国各地演出百余场。

（六）保护与改善大庆市农业生态环境

土壤是生态安全的物质基础，为让大庆土地更健康、作物更安全，大庆市重点开展农用地土壤环境保护工作，先后完成了全市农用地土壤污染状况详查、耕地土壤环境质量类别划分，2020 年年底全市受污染耕地安全利用率达到 92% 以上。

为落实农村环境治理，大庆市在完善农村垃圾治理设施、编制农村生活污水治理规划、治理养殖粪污的同时，持续推进农业减化肥、化学农药和化学除草剂的"三减"行动，促进土壤资源永续科学利用，实现生态系统良性循环。

1. 政府依托农业高科技，建设农业科技创新示范区

建设农业科技创新示范区，是发挥农业资源、提升农产品品质，以科技创新推动农业农村高质量发展的必由之路。大庆市政府应依托农业高科技，发挥资源禀赋优势，建设农业科技创新示范区，既能提升农业劳动生产率和农业绿色发展水平，又能满足人们对安全、绿色、优质农产品的需求。大庆市政府应积极整合地企、高校科技资源，深化市校合作，鼓励支持黑龙江八一农垦大学、省农科院大庆分院等高校院在农产品精深加工、农业设施建设、田间大数据收集及监测、智能化配肥喷灌系统建立、生物防控技术研发、农业地质调查等方面开展技术研发和产业化实践，充分重视农业生态环境保护，促进农业可持续发展的技术研发及推广。

大庆市应选择种养结合的农业生态发展模式，提高种养效益，增

加收入，保护生态环境。通过技术研发优质农作物新品种，实施有机肥代替化肥、秸秆有效处理、农膜回收等有效措施，树立农业绿色发展理论，运用先进设施、科学管理方式推动农业生态发展，增强农业资源承载力，推动农业高质量转型，修护农业生态系统，实现农业效益与环境效益双赢。大庆市还应结合不同区县的产业需求，提升农业资源利用效率，采取环境保护有效措施，打造农业循环经济发展示范区。

2. 完善农业生态环境建设保障机制

完善农业生态环境建设保障机制。大庆市应从基础设施建设方面提供制度保障，从硬件上支持开展环境保护工作，加大对农村生活污水、生活垃圾处置等环保基础设施建设力度，建立村屯垃圾集中处理站。努力完善农村环境保护管理方式，探索全社会参与、支持、关心与监督农业生态环境的良好氛围，保护农业生态环境，保证农业资源可持续利用。

2019 年大庆市制定并实施的方案，有效提升大庆市生态环境保护能力及生态文明建设水平。学习借鉴先行先试地区先进经验，以坚持经济建设、城乡建设、环境建设同步规划、同步实施、同步发展为目标，做好农村各村镇的环境规划，加强秸秆地膜综合利用，提升农村地区的环境保护意识，把环境教育和强制司法相结合，解决农村的废水、废气、噪声及固定废弃物污染问题，大力发展节水农业、强化农村耕地质量提升，逐步完善农业环境保护相关法律法规，利用法制化手段实施农业支持政策，执行环境质量行政领导责任制。

3. 提升农业科技支撑能力

科技创新是破解农业环境污染的关键，应逐步提升农业科技支撑能力，依托农业废弃物开展产学研企联合攻关，推进农业院校科研成果与农业生态环境保护需求有效对接，全力促进产业和环境技术问题一体化。大庆市应依托畜禽养殖废弃物、节本增效、绿色环保等科技创新联盟，开展产学研企联合攻关，合力解决农业农村污染防治技术瓶颈问题。应推动现代农业产业技术体系与农业生态环境保护重点任务有机衔接，有效解决产业与环境科技问题。农业环境保护主体应加大科技投入，以科技手段规划和整治生态环境问题，大庆市政府应划拨农业生态环境保护专款，建立农业可持续发展研究机构，创建中国新型的农技推广体系，鼓励农业企业开展科技创新。

农业技术创新包含技术研究与开发、农业生产、技术扩散等活动，既要对农业技术展开创新，也要对农业新技术进行推广及实践，提升农业生态效益、社会效益和经济效益。因此，大庆市应加大农业基础设施投入力度，提高农业科技含量，加强农业生态环境保护，重视培养农业生态环境建设人才，实行农科教整合，创建科研、教学紧密结合的农业科技推广体系，推动农业科研成果转化与提高，将农业生态环境保护列入农业科技发展的重点领域，运用先进科技力量完善农业生态环境检测，将科技创新、农业科技成果研发、生态环境保护等有机结合。大庆市应以农业科技为保证，通过先进技术做好农作物病虫害防治、化肥减量增效、秸秆回收还田等工作，利用先进农业技术调整农村产业结构，推动农业经济多元化发展，从根本上保障农民的经济利益。

4. 制定生态农业的法律法规

我国目前尚未建立生态农业的法律法规。生态农业发展的法律依据主要是基于国家农业可持续发展等领域的相关法规、法规与政策及国家宪法中对生态环境保护、生态破坏等规定。

2015 年 1 月 1 日起实施的《环保法修订案》是依据可持续发展的最新理论与实践成果提出的，用于依法建设"美丽中国"。大庆市应充分运用国家环保政策，多形式、多渠道宣传培养现代农民树立环保意识，增强生态文明理念，引导农业向循环农业、生态农业转变。在新农村建设过程中始终贯穿生态文明建设理念，加强大庆市生态文明法律保护是生态环境保护的重要环节，是实现可持续发展的必由之路。

为保护农业环境，防止农业环境污染，黑龙江省根据环境保护相关法律、法规，结合全省实际情况，出台了黑龙江省农业环境保护管理条例。制定了《黑龙江省维护国家生态安全的意见》《黑龙江省生态环境保护行政执法与刑事司法衔接工作办法实施细则》《黑龙江省大气污染防治条例》《黑龙江省基本农田保护条例》等法规条例，这些法律、法规的出台虽使农业生态环境恶化问题得到改善，但农业生态环境恶化的趋势尚未得到完全有效的控制，所以仍需出台农业生态环境污染的法律法规及条例。尤其是针对农膜、化肥、农药、秸秆等重点污染问题，大庆市应制定有效的措施防治，监督把控土壤有机质，推动对环境损害的赔偿，相关法律法规及条例之间应相互协调，形成一个完整体系。

第四章

大庆市城市生态系统
评价研究

一、大庆市城市生态系统评价指标体系构建

城市既形成了自身独特的环境，也是一个在进化的大系统中发生改变的个体，在这一大系统进化的过程中，包括城市、乡村、荒野在内的各个个体彼此依存，也相互竞争。城市生态系统是一个动态系统，具有多元性、层叠性与交替性，换言之，城市生态系统既非单一的，也非静止的，一个城市通过相应的能量与物质的交换，维护自身及其赖以生存的有机体的复杂性、持续性以及活力。城市之中，不但共存着若干不同的生态系统，不同的时间阶段也有着不同生态系统的更迭。因此需要通过一系列相关指标进行定期监测和评估，构建城市生态系统评价指标体系时要遵循科学性、可操作性、特色性等原则。

（一）城市生态系统评价指标体系构建原则

1.科学性原则

在设计城市生态文明评价指标体系时，必须以完整和正确的科学理论，准确定义指标的概念，以确定各指标的权重或系数的权重。

城市生态系统具有复杂性和多变性，因此构建大庆市城市生态要系统考虑经济发展、社会文明、生态宜居、人民富裕等多方面因素，客

观反映及描述大庆市各个区、县城市建设真实成效和水平，全面揭示宜居城市重点任务执行情况及发展程度，整体把握大庆市城市建设整体成果。

因此在设置城市生态系统评价指标时，既要充分考虑城市生态系统指标的覆盖面，又要能从多角度展示城市宜居性，所选指标具有综合性和代表性，才能避免出现纰漏，更好地评价大庆市生态系统构建成效。

2. 可操作性原则

大庆市城市生态系统指标评价体系的构建既要注重总体一致性，又要充分考虑可操作性、可考核性及数据的可获取性，因此在选择城市生态系统指标时务必要选取学术界及社会普遍认可的能有效反映大庆市城市发展真实水平的指标。大庆市不是孤立的个体，结合大庆市城市建设及规划实际现状，为便于定量分析，构建的城市生态系统指标体系应为宜居城市建设、区域农业产业发展、城市治安水平等服务，指标选取应简洁明了、便于采集、具有可比性。

3. 特色性原则

针对大庆市宜居城市建设的思路、目标和任务，为体现大庆市城市特色，依据《大庆市城市空间发展战略规划》《大庆市总体城市设计》，在原有统计指标基础上，对应国家评价体系，建立特色型指标，充分展现大庆特色，阐明评价指标体系的引导作用。并依据大庆市城市建设动态过程适当调整，以便能科学把握大庆市宜居城市建设特征、客观评价城市生态系统。

在城市生态系统指标体系构建时，要突出高水准规划，在科学布局中凸显大庆特色。对标全国先进，树牢标杆意识、精品意识，坚持当前与长远、设计与建设、内部与外部相统一，统筹考虑城市历史文化、自然生态与群众需求，全面提升城乡建设水平和城市品质，充分体现大庆沉稳庄重雄浑的城市特色。

4. 完整性原则

宜居城市每一个子系统的建设都要求与整个城市的景色协调统一，促进生态文明建设与城市和谐有序整体发展。

宜居城市建设应以系统性、整体性思维内外兼修，科学串联城市生产生活和自然生态资源，分轻重缓急有序推进，完善城市承载功能，展现城市文化内涵，全景展示大庆人与自然和谐共生的生态体系，夯实大庆创建全国文明典范城市基础。

（二）大庆市城市生态系统评价指标体系框架结构

依据宜居城市、城市生态系统的内涵及宜居城市与城市生态系统耦合因子分析，充分考虑城市规划与管理对城市生态系统的作用，大庆市城市生态系统评价指标体系可以分成四个层次：第一层次为目标层，反映大庆市城市生态系统总体状况，结果是一个总评价值；第二层次为准则层，准则层分成五个子系统，即：自然生态环境子系统、人口子系统、经济子系统、社会子系统及城市管理子系统；第三层次为领域层，分为结构和发展力两个子系统；第四层次为指标层，以具体指标来评价。五个子系统情况均从结构及发展能力两个领域层指标进行描述，再根据大庆市城市建设实际设计四级指标。大庆市城市生态系统评价指标体系框架如图 4-1 所示。

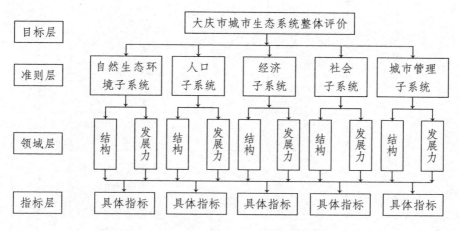

图 4-1　大庆市城市生态系统指标评价体系框架

大庆市城市生态系统指标评价体系中指标层代表每个三级指标对应的四级指标，结构指标代表在当前时间段上各个组成部分的现状值，它们构成了各个子系统的基本结构，而发展力指标则是由增长速度、增长比例等动态变化情况的若干指标组成的，反映了指标可持续发展能力及趋势，结构和发展力两部分指标都是子系统的组成成分，但又具有相对独立性。

二、大庆市城市生态系统评价

表 4-1　大庆市城市生态系统评价指标

准则层	领域层	指标层	单位	标准值	参考依据	指标类型
自然生态环境子系统	结构	森林覆盖率	%	41	国家生态园林城市建设标准	效益型
		建成区绿地覆盖率	%	34	国家生态园林城市建设标准	效益型
		人均公共绿地面积	m²	11	国家生态园林城市建设标准	效益型
		自然保留地覆盖率	%	12	国家生态城市标准（修订稿）	效益型
		空气质量好于或等于二级标准的天数	天数/天	365	中国宜居城市科学评价标准	效益型
		人均水资源拥有量	m³	8000	国际城市建设通用标准	效益型
	发展力	城市工业污水处理率	%	100	国家生态城市标准（修订稿）	效益型
		工业固体废物处置利用率	%	100	国家生态城市标准（修订稿）	效益型
		噪声达标区覆盖率	%	100	国家生态城市标准（修订稿）	效益型
		集中式饮用水水源地水质达标率	%	100	国家生态城市标准（修订稿）	效益型
		环保投资占比重	%	3.5	国际城市建设通用标准	效益型
人口子系统	结构	人口密度	人/km²	1500	国际城市建设通用标准	成本型
		市区人口密度	人/km²	3500	国家生态城市标准（修订稿）	成本型
		人均寿命	岁	75	中国宜居城市科学评价标准	效益型

续表1

准则层	领域层	指标层	单位	标准值	参考依据	指标类型
人口子系统	结构	非农业人口比重	%	60	国内城市建设最佳值或较好值	效益型
		女性比例	%	100	国家计生委相关标准	效益型
		人口自然增长率	%	0.08	国内城市建设最佳值或较好值	成本型
	发展力	失业率	%	2	国内城市建设最佳值或较好值	成本型
		万人大学生数	人	350	国内城市建设最佳值或较好值	效益型
		万人专业技术人员数量	人	100	国内城市建设最佳值或较好值	效益型
经济子系统	结构	第三产业产值的比重	%	45	英格尔指标体系标准值	效益型
		外贸进出口总额占GDP比率	%	10	国内城市发展现状需求值	效益型
		人均GDP	万元	7.2	国家生态城市标准（修订稿）	效益型
		人均道路面积	m²	15	中国宜居城市科学评价标准	效益型
		人均年工资	万元	3.6	环保部相关标准	效益型
		城乡经济平衡系数	%	80	缩小城乡差别的要求	效益型
		GDP增长率	%	15	国内城市建设最佳值或较好值	效益型
		CPI指数	%	3	国际城市建设通用标准	效益型
		研发投入占GDP比例	%	2.5	国家"十二五"科技发展规划	效益型

续表 2

准则层	领域层	指标层	单位	标准值	参考依据	指标类型
经济子系统	发展力	每十万人年专利数	项	10	国家"十二五"科技发展规划	效益型
		工业用水重复率	%	100	国内城市发展现状需求值	效益型
		万元能耗(标准煤)	吨	0.9	国家生态城市标准(修订稿)	成本型
		万元水耗	吨	25	国家生态城市标准(修订稿)	成本型
		政府科技投入占财政支出比重	%	2	国内城市建设最佳值或较好值	效益型
社会子系统	结构	基尼系数	%	35	国际通用标准值	成本型
		城市居民恩格尔系数	%	35	国家"十二五"发展规划值	成本型
		人均社会消费品零售额	万元	1	国内城市发展现状需求值	效益型
		城市居民人均住房面积	m²	20	国内城市发展现状需求值	效益型
		城市燃气普及率	%	100	中国宜居城市科学评价标准	效益型
		有线电视网覆盖率	%	100	中国宜居城市科学评价标准	效益型
		赌网光缆到户率	%	100	中国宜居城市科学评价标准	效益型
		自来水正常供应情况	%	100	中国宜居城市科学评价标准	效益型
		电力正常供应情况	%	100	中国宜居城市科学评价标准	效益型
		适龄儿童入学率	%	100	国家"十二五"教育发展规划	效益型

续表3

准则层	领域层	指标层	单位	标准值	参考依据	指标类型
社会子系统	结构	小学毕业生升学率	%	100	国家"十二五"教育发展规划	效益型
		初中毕业生升学率	%	100	国家"十二五"教育发展规划	效益型
	发展力	高等学校入学率	%	55	国内城市发展现状需求率	效益型
		万人教师数	人	250	新加坡城市建设标准	效益型
		万人医生数	人	50	国内城市建设最佳值或较好值	效益型
		万人公共交通工具数	台	15	国内"十二五"交通发展规划值	效益型
		百人通信工具数	台	60	国内城市建设最佳值或较好值	效益型
城市管理子系统	结构	社区卫生服务机构覆盖率	%	100	中国宜居城市科学评价标准	效益型
		生命线完好率	%	100	中国宜居城市科学评价标准	效益型
		社会保险覆盖率	%	100	中国宜居城市科学评价标准	效益型
		基础设施投资占GDP比例	%	9	国内城市发展现状需求值	效益型
		每万人配备治安人员数量	人	30	国内城市发展现状需求值	效益型
		年重大刑事案件数	起	0	中国宜居城市科学评价标准	效益型
	发展力	刑事犯罪破案率	%	100	中国宜居城市科学评价标准	效益型
		城市管理信息化率	%	100	国内城市发展现状需求值	效益型

说明：基尼系数反映贫富差异。按照国际惯例，运用基尼系数时表示居民之间的收入分配"高度平均"，处于之间表示"相对平均"，而在之间"比较合理"。通常把它作为收入分配贫富悬殊的"警戒线"，表示"差距偏大"，表示"高度不平均"。（公共交通工具包括公交车、出租车、地铁、电车等，不含私家车。城市管理信息化率是指网络及办公自动化设备进入管理部门并用于城市管理的程度。国内城市重点考察深圳、青岛、上海等生态环境较好的城市，国际城市重点考察东京、首尔、新加坡、维也纳、悉尼等具有较高知名度且生态系统良好的城市。）

联合国开发计划署等组织规定：

若低于 0.2 表示指数等级极低；（高度平均）

0.2—0.29 表示指数等级低；（比较平均）

0.3—0.39 表示指数等级中；（相对合理）

0.4—0.59 表示指数等级高；（差距较大）

0.6 以上表示指数等级极高。（差距悬殊）

第五章

大庆市城市宜居性
评价研究

一、大庆市基本概况

大庆市属温带大陆性季风性气候，四季分明，夏季温和多雨，冬季寒冷干燥。大庆市的西北部是齐齐哈尔市，东部是绥化市，东南部是哈尔滨市，南部是白城市、松原市。从大庆市中心到哈尔滨市中心，只有 150 千米。大庆市是中国第一大油田、世界第十大油田。大庆是一座以石油、石化为支柱产业的著名工业城市，工业产值达到东北第二位，人均 GDP 达到 2 万美元。

全市共有耕地 1 173.9 万亩、森林 413 万亩、草原 597.5 万亩、湿地 747 万亩、湖泊 217 个，地热静态储量 5 000 亿立方米，扎龙湿地等自然保护区 15 个，铁人王进喜纪念馆等 4A 级景区 12 家，国家级生态乡镇 22 个，城区人均公园绿地面积 14.6 平方米、建成区绿地率 41.4%，获得全国文明城市、国家卫生城市、国家环保模范城市、国家园林城市、中国特色工业文化体验旅游城市等多项殊荣，被誉为"绿色油化之都、天然百湖之城、北国温泉之乡"。

城市疏朗通透、恬静清新，呈现"组群组团布局、绿色空间相隔、快速通道相连、湖泽水系相通、森林草原相拥"的风格特色。滨洲、让通铁路干线在此交汇，哈齐城际高铁穿城而过，大广、绥满高速贯通全域，肇源新港实现江海联运、具备 24 小时通达国际能力，萨尔图机场开通 12 条国内航线、通航城市 15 个、年旅客吞吐量超 85 万人次。

图书馆、博物馆、歌剧院、规划展示馆、奥林匹克公园等设施功能完备，教育、医疗、文化、体育等公共事业全省领先。拥有 6 所高校、178 家科研院所和分支机构，在校生 6.3 万、各类人才 45.2 万；三级甲等医院 7 家，医疗卫生机构 1 409 个，医联体和医共体 28 个，9 个县区全部建成省级慢性病综合防控示范区。每年承办斯诺克国锦赛等国际、国家级体育赛事 20 余项，俄罗斯交响乐团等文化盛宴竞相上演，东北首家承办 2017 年央视中秋晚会。

城市综合承载力被国家住建部评定为黑龙江省第一，跻身中国城市品牌评价（地级市）百强榜，宜居城市竞争力排名全国第 26 位，荣获 "2019 中国领军智慧城市" 称号，也是东北地区唯一一个获此殊荣的城市。

"十四五" 时期，大庆坚定立足新发展阶段，完整准确全面贯彻新发展理念，积极服务和融入新发展格局，紧紧锁定 "当好标杆旗帜、建设百年油田" 战略目标，大力践行大庆精神铁人精神新的时代内涵，统筹抓好发展和安全 "两件大事"，加快建设世界著名的资源转型创新城市、中国新兴的数产深度融合城市、全省领先的高质量发展城市，切实肩负起保障国家 "五大安全" 的政治责任，助力龙江 "六个强省" 建设的战略责任，引领石油资源型城市转型创新的历史责任，在更高起点上加快实现共同富裕、推进全面振兴全方位振兴的时代责任，让大庆红旗在社会主义现代化建设中高高飘扬。

2021年，全市地区生产总值增长6.2%，规上工业增加值增长6%，社会消费品零售总额增长10.8%，一般公共预算收入增长20.9%，外贸进出口总额增长38.7%。

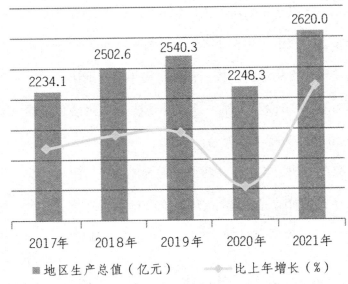

图5-1　2017—2021年三次产业增加值占地区生产总值比重（％）

二、数据获取与处理

2007年5月，中国城市科学研究会公布了研究成果《宜居城市科学评价指标体系研究》，本研究依据国内外专家学者对宜居城市评价的研究成果，结合大庆市经济、环境、资源、交通、教育、社会等方面的实际发展情况，设置了5个一级指标，12个二级指标，32个三级指标，构建大庆市宜居城市评价指标体系，全面评价大庆市的城市宜居性。

本研究的数据来源于《中国城市统计年鉴》《大庆市统计年鉴》《黑龙江统计年鉴》及《大庆市国民经济统计公报》。

因为各数据的量纲不同，考虑到数据的可比性，在构建宜居指标体系前需要对各数据进行标准化处理，经过标准化处理后，原始数据均转换为无量纲化指标测评值，即各指标值都处于同一个数量级别上，可以进行指标体系构建。数据标准化的方法如下：

（1）对于数据越大越好的指标，数据标准化计算公式为：

$$Z = \frac{(X_i - \min)}{(\max - \min)} \times 100$$

（2）对于数据越小越好的指标，数据标准化计算公式为：

$$Z = \frac{(\max - X_j)}{(\max - \min)} \times 100$$

（3）对于数据适中的指标，数据标准化计算公式为：

$$Z = \frac{(X_t - X_k)}{(\max - \min)} \times 100$$

其中，Z 为指标标准化的数值，min 为该指标数据的最小值，max 为该指标数据的最大值，X_i 为正向指标的数据值，X_j 为正向指标的数据值，X_t 为适度的临界点阈值，X_k 为适度指标的数据值。

三、大庆市宜居性评价体系

（一）评价指标体系构建原则

1. 全面性原则

城市宜居性的涉及面比较广，覆盖环境、社会、经济、文化、安全等各方面，在构建大庆市城市宜居性评价指标体系时应充分考虑到多个方面，从多角度建立全面、综合的城市宜居性评价体系，全面反映城市宜居性所蕴含的主要特征，并且针对资源型城市发展面临的实际问题来确定决定性要素。因此，各指标的选择应具有全面性。

2. 因地制宜与生态优先原则

因地制宜原则。城市宜居性评价应包括历史、文化习俗、人口结构等方面。因此，构建城市宜居性评价指标体系，不应照搬国内外相关研究成果，要结合所研究区域的实际情况，结合区域自身发展的经济特征、自然环境特点、社会人文特征等因素，构建适宜的评价指标体系。

生态优先原则。良好生态环境是最普惠的民生福祉，城市作为人类对自然改造程度的最大的地域单元，是自然环境中的城市。城市中的各种活动仍然要受自然环境的影响和制约，良好的生态环境是居民健康生活的前提，也是保证城市可持续发展的先决条件，因此所建立的城市生态宜居度评价指标体系，选取合理的评价指标，必须能够体现城市生态环境的现状。

3. 可操作原则

城市宜居性评价指标体系的构建具有复杂性，各指标间存在较强的时空差异，虽然有些指标也能代表城市的宜居性，但收集起来比较困难，可操作性不强，因此无法使用。所以城市宜居性评价也要尽量减少不适宜的指标，以免指标数量太多对收集和后期处理计算带来困难。

尽量选择可以收集、可用于比较的指标，选择的指标应该能够用数据来表达，这样可以保证所选取指标可以进行定量计算。同时还应注意数据来源的渠道，要尽可能选取已有的统计数据，保证数据的可采集性。在构建城市生态宜居性的评价指标体系时，所采用的数据资料必须是统一时段、口径和标准的。

4. 层次性原则

在进行指标体系选取时，要遵循从大到小逐层选取的原则，首先确定评价目标的概念，也就是什么是生态宜居。生态宜居城市的定义是从经济发展、社会和谐、生态环境、生活便利、公共安全五个方面来描述的，所以在进行大庆市生态宜居度评价时，从五个方面来衡量，这是建立指标体系时的第一层；然后再将社会和谐度分解成社会保障水平和社会稳定水来进行表述；环境优美度分解成生态环境质量及污染治理情况来展开描述；生活便宜度拆解成生活舒适情况及市政设施建设情况来进行表述，这是第二个层次；第三个层次是把第二层次的表述进一步细化，用具体的指标衡量。

（二）大庆市宜居城市指标体系

由于研究区域范围较大，发放调查问卷的实际操作存在困难，并且主观评价存在一定的不准确性，所以本研究采用客观评价法。在梳理了国内外相关学者的研究成果及翔实资料的基础上，共设置了5个一级指标体系，主要包含经济富裕度、社会和谐度、环境优美度、生活便宜度、公共安全度，考虑到数据的可获取性，本研究将一级指标细分为8个二级指标、25个三级指标，具体指标如表5-1所示。

表5-1　大庆市城市宜居性评价指标体系

一级指标	二级指标	三级指标	单位
经济富裕度	经济发展水平	人均GDP	元
		第三产业占GDP比重	%
		GDP年增长率	%
		城镇居民人均可支配收入	元
社会和谐度	社会保障水平	城市养老保险覆盖率	%
		城市医疗保险覆盖率	%
	社会稳定水平	城市失业保险覆盖率	%
		城市失业率	%
		在岗职工平均工资	元
环境优美度	生态环境质量	城市绿化覆盖率	%
		人均公园绿地面积	平方米
		空气质量优良天数	天
	污染治理情况	工业固体废弃物处置利用率	%
		污水集中处理率	%
		生活垃圾处理率	%
生活便宜度	生活舒适情况	城市人口密度	平方米
		人均居住用地面积	平方米

续表

一级指标	二级指标	三级指标	单位
生活便宜度	生活舒适情况	人均道路面积	平方米
		万人拥有公交车	辆
	市政设施情况	城市燃气普及率	%
		城市用水普及率	%
		人均供热面积	平方米
		百人拥有路灯数	盏
公共安全度	社会安全情况	交通事故次数	次
		刑事案件次数	次

（三）城市宜居性评价指标解释

25 项指标数据均来源于《黑龙江统计年鉴》《大庆统计年鉴》，每个指标均具有一定的含义，在综合统计年鉴基础上，本研究将各项指标具体释义如下：

1.经济富裕度

经济富裕度是指一个地区经济发展和人均经济收入水平的高低程度。反映了居民物质生活方面的质量，是城市宜居度的重要衡量指标。经济越富裕，城市的竞争力就越强，城市也就越有能力创建更好的居住环境、社会环境。该模块主要涵盖以下几个指标：

人均 GDP（元）：人均国内生产总值是人们了解和把握一个国家或地区的宏观经济运行状况的有效工具，即"人均 GDP"，常作为发展经济学中衡量经济发展状况的指标，是最重要的宏观经济指标之一。

第三产业占 GDP 比重：指城市第三产业的生产产值占城市所有生

产总值的比重，是反映一个城市三种产业的结构的重要指标之一。从世界范围来看，第三产业占 GDP 的比重，低收入国家大都在 30% 左右，中等收入国家在 50% 左右，高收入国家在 70% 以上。据统计，全球 500 家大企业，前 10 席中三产就占 7 席，前 10 个行业 257 家公司，三产占 59%，亚洲前 10 名企业中有 9 名为三产企业。以上数据充分证明了第三产业的突出地位和拉动一二产业发展进而提高经济发展水平的重要作用。

GDP 年增长率（%）：国内生产总值（GDP）增长率是指 GDP 的年度增长率，需用按可比价格计算的国内生产总值来计算。GDP 增长率是宏观经济的四个重要观测指标之一（还有三个是失业率、通胀率和国际收支）。

城镇居民人均可支配收入（元）：是指城镇居民可用于最终消费支出和其他非义务性支出以及储蓄的总和，即居民家庭可以用来自由支配的收入。城镇居民可支配收入长期以来是反映一个地区居民收入水平的重要指标，是了解居民生活变化情况的基础，是国家和各级地方政府研究制定劳动力就业和社会保障等政策的重要依据，也是计算国民收入分配比例及国民经济核算等的重要依据。

2. 社会和谐度

（1）社会保障水平

城市养老保险覆盖率（%）：指城市参加养老保险的人数与城市总人口数的百分比，是表示城市居民养老保障水平的重要指标。

城市医疗保险覆盖率（％）：是指缴纳城市失业保险的总职工人数与城市人口总数的比值，是表示城市职工失业保障水平的重要指标。

（2）社会稳定水平

城市失业保险覆盖率（％）：是指缴纳城市失业保险的总职工人数与城市人口总数的比值，是表示城市职工失业保障水平的重要指标。

城市失业率（％）：指年度失业人数与城市总人口数的比值。城市失业率越低，城市的就业情况越好，是代表城市是否适宜就业创业的重要指标。

在岗职工平均工资（元）：指城市职工的平均工资水平，反映城市居民的劳动报酬水平状况，是体现社会和谐度的重要指标之一。

3. 环境优美度

（1）生态环境质量

城市绿化覆盖率（％）：是城市内全部绿化覆盖面积与区域总面积之比，反映一个国家或地区生态环境保护状况的重要指标，也是中国环境保护模范城市和创建文明城市考核的重要指标。绿化覆盖面积指城市中的乔木、灌木、草坪等所有植被的垂直投影面积，包括公共绿地、居住区绿地、单位附属绿地、防护绿地、生产绿地、道路绿地、风景林地的绿化种植覆盖面积、屋顶绿化覆盖面积以及零散树木的覆盖面积。

人均公园绿地面积（平方米）：城镇人均公园绿地面积指城镇公园绿地面积的人均占有量，以平方米／人表示，园林城市、园林县城和园

林城镇达标值均为 ≥ 9 平方米 / 人，生态市达标值为 ≥ 11 平方米 / 人。具体计算时，公共绿地包括：公共人工绿地、天然绿地，以及机关、企事业单位绿地。计算公式根据《城市绿地分类标准》，人均公园绿地面积 = 公园绿地面积 / 城市人口数量（数据必须以中国城市建设统计年鉴为准）。

空气质量优良天数（天）：指以年内城市空气质量指数达到一、二级的总天数。城市空气质量直接影响城市居民的身体健康和舒适度。

（2）污染治理情况

工业固体废弃物处置利用率（%）：指工业固体废物的综合利用量与工业固体废物量总量的比值。是评价城市环境好坏的重要指标之一。

污水集中处理率（%）：是指城市市区经过城市集中污水处理厂二级或二级以上处理且达到排放标准的生活污水量与城市生活污水排放总量的百分比。是衡量城市污染治理情况的重要指标之一。

生活垃圾处理率（%）：是指经处理的生活垃圾量占全部生活垃圾总量的比重。是衡量城市污染治理情况的重要指标之一。

4. 生活便宜度

（1）生活舒适情况

城市人口密度（平方米）：指生活在城市范围内的人口稀密的程度。计算公式：城市人口密度 = 城市人口 / 城市面积。人口密度是单位面积内的人口数，它是表示世界各地人口的密集程度的指标。

人均居住用地面积（平方米）：指平均每位城市居民拥有的住房建

筑面积。包括住宅用地、居住小区及居住小区级以下的公共服务设施用地、道路用地及绿地，居住区是城市最基础的功能，它满足居民的居住需求，还具有满足居民休憩、健身等居住生活方面的需求，居住空间的大小与居民的幸福感息息相关，从而影响城市的宜居性。

人均道路面积（平方米）：指的是城市中每一居民平均占有的道路面积。人均拥有城市道路面积，就是用城市道路的面积除以该城市的人口数。城市道路面积与城市道路基础设施建设之间均关系到交通的畅通情况，良好的交通环境可以提升居民的幸福感，提高城市的宜居性。

万人拥有公交车（辆）：指城市每1万城市居民拥有的公共汽车总数。这里不包括有轨电车、地铁等其他公共交通工具的数量。可反映一地的公共交通状况，是城市便利生活的重要指标。公交车作为城市居民出行的主要交通工具，数量的多少直接影响城市的宜居性。

（2）市政设施情况

城市燃气普及率（％）：指城市居民用于日常烹饪的燃气的普及情况。与城市居民日常生活便宜度息息相关，进而影响城市的宜居性。

城市用水普及率（％）：指城市居民日常生活用自来水的普及情况。直接关系到城市居民的日常生活，是衡量城市宜居性的重要指标之一。

人均供热面积（平方米）：指平均每个城市居民拥有的住房供热面积。大庆冬季漫长，寒冷干燥，城市住宅需要在冬季进行供热取暖，供热面积的大小直接关系到冬季寒冷季节居民的生活舒适程度。

百人拥有路灯数（盏）：指平均每 100 个城市居民拥有的道路路灯的数量。用来衡量城市夜晚的光亮程度，城市道路越亮，城市居民出行越方便越安全。

5. 公共安全度

城市公共安全是城市可持续发展的重要保障，维护城市公共安全是城市政府的重要职责。健全完善我国城市公共安全管理体系，是提升居民幸福指数、城市宜居性的重要保障。2020 年大庆市的公共安全保障水平得到进一步提升，社会的安全与稳定可从交通事故次数、刑事案件次数两个方面来评价。

交通事故次数（次/年）：指城市市区内一年的交通事故总次数。

刑事案件次数（次/年）：指城市市区内一年的刑事案件总次数。

（四）城市宜居性指标权重

本研究对城市宜居性评价，首先需要对原始数据进行标准化处理，其次依据统计方法确定各项指标的权重，最终通过加权计算得出综合指数，即为城市的宜居指数。

本研究中指标较多，赋权比较复杂，因此采用评价效果较好的、综合多位权威专家经验的德尔菲法。该方法自 20 世纪 60 年代由美国的兰德公司提出以来，被广泛应用到企业管理、城市管理、教育管理、医疗卫生管理等各个领域的综合评价实践中。

其主要流程是：在对所要预测的问题征得专家的意见之后，进行整理、归纳、统计，再匿名反馈给各专家，再次征求意见，再集中，再反馈，直至得到一致的意见。收取专家意见，将专家意见整理汇总，依据专家给出的意见选出最适宜的指标体系，再进行计算分析。

表5-2 2020年大庆市城市宜居性各项指标权重

一级指标	二级指标	三级指标	权重
经济富裕度	经济发展水平	人均GDP	0.046
		第三产业占GDP比重	0.021
		GDP年增长率	0.019
		城镇居民人均可支配收入	0.023
社会和谐度	社会保障水平	城市养老保险覆盖率	0.035
		城市医疗保险覆盖率	0.028
	社会稳定水平	城市失业保险覆盖率	0.023
		城市失业率	0.022
		在岗职工平均工资	0.013
环境优美度	生态环境质量	城市绿化覆盖率	0.014
		人均公园绿地面积	0.027
		空气质量优良天数	0.021
	污染治理情况	工业固体废弃物处置利用率	0.026
		污水集中处理率	0.021
		生活垃圾处理率	0.018
生活便宜度	生活舒适情况	城市人口密度	0.063
		人均居住用地面积	0.029
		人均道路面积	0.033
		万人拥有公交车	0.032
	市政设施情况	城市燃气普及率	0.031
		城市用水普及率	0.054
		人均供热面积	0.051
		百人拥有路灯数	0.074

续表

一级指标	二级指标	三级指标	权重
公共安全度	社会安全情况	交通事故次数	0.068
		刑事案件次数	0.208

四、城市宜居性评价模型及结果

根据标准化后的数据及各项指标的权重计算后得到 2020 年大庆市城市宜居性指数，计算公式为：

$$S=\sum_{i=1}^{n}X_iW_i\ (\ i=1,2,\cdots n\ )$$

其中 S 表示城市宜居性指数，X_i 为第 i 项指标的评价分值，W_i 为第 i 项指标的权重。

宜居城市是指那些社会文明度、经济富裕度、环境优美度、资源承载度、生活便宜度、公共安全度较高，城市综合宜居指数在 80 以上且没有否定条件的城市。城市综合宜居指数在 60 以上、80 以下的城市，称为"较宜居城市"；城市综合宜居指数在 60 以下的城市，称为"宜居预警城市"。

利用 SPSS 软件计算出 2020 年大庆市城市宜居城市指数为 65.83，处于 60 以上、80 以下水平，为"较宜居城市"。说明大庆市城市宜居性较好，但和发达城市相比，还存在一定的差距，还需要进一步提升。

大庆市是典型的资源型城市，"十三五"期间经济发展水平较高，居民富裕度较高；城市植被覆盖较高，空气较好，污染物易扩散，污染治理水平也较高，所以生态环境好；大庆市基础设施完善，公共安全度高；居民拥有一定的闲暇时间，文化繁荣。

第六章

大庆市宜居城市建设
与城市生态系统耦合因子分析

"良好生态环境是经济社会持续健康发展的重要推动力。"现在我国提倡的高质量发展，更加注重经济建设与生态建设的协同发展。事实是不注重环境生态的保护，就得不到发展，就要被淘汰，从而导致经济落后。

良好的生态环境，自然山川、郊区林地和农业用地得到充分保护和合理利用，具有较高的森林覆盖率以及完善的生态园林绿地系统是宜居城市的重要指标。城乡开发过程中注重保护和发展本土植物和野生动物，促进生物物种多样化，做到建设用地、农业用地、园林绿化用地和自然保护区等各类用地合理分布，城乡结构、布局形态和功能分区协调，既注重社会效益，也充分考虑生态效果，节约能源，有效利用自然资源，循环利用可再生资源，高效利用不可再生资源，达到人工环境与自然环境的高度融合，自然景观和人文景观的相互协调。

一、自然环境因子

自然生态环境就是指人类生存和发展所依赖的各种自然条件的总和，包括人类生活的一定的生态环境、生物环境和地下资源环境。自然生态因子反映城市自然状况、环境条件、环境整治、污染处理等方面的情况，包括自然环境因子、环境质量因子和环境整治因子。

城市是否宜居，最重要的体现是环境要素。随着现代城市化的不断推进，城市空气质量和饮用水源的安全性不断下降，人民的身体健康安全受到威胁。面对这些问题，公众迫切希望能够建立一个宜居的城市。

自然环境因素是影响城市宜居性的本底条件，"生态宜居城市"因其强调良好的生态环境是宜居城市最基本的元素，成为目前国内宜居城市建设的重要方向。绿地率、环境负荷度、农地保护面积、进入绿色空间的公平性等自然环境影响因子成为宜居城市发展考虑的因素，在规划中都有相关的定量要求和保护性政策。

一是充分认识与尊重自然生态系统，运用生态学及景观生态学的原理处理好人与自然的关系，实现城市区域生态系统的可持续发展。二是要塑造良好的视觉景观形象。主要从人类视觉形象感受要求出发，根据景观美学规律，利用空间实体景观，营造赏心悦目的环境形象。三是营造积极上进的精神环境。主要从人类的心理精神感觉需求出发，根据人类在环境中的行为心理及精神活动的规律，利用心理与文化的引导，创造良好的精神环境。

二、人口因子

人是城市生态系统中的主导因素，也是宜居城市建设的执行者、舒适程度的感受者，合理的人口结构和资源占有率是城市可持续发展的必备条件。人口规模与资源供求之间应保持平衡状态，将人口增长率维持在经济和资源所能承受的水平上，人口的增长应控制在自然资源和环境承载力允许的范围内，优化配置人口结构。

人口因素是社会物质生活条件之一，它在社会发展中占有重要的地位，最佳的人口因素可以促进社会的发展，反之，则会阻碍社会的发展。在地大物博、人口稀少、劳力不足的国家和地区，适当增殖人口，会促进社会的进步。

根据时间条件可分为静态人口因素和动态人口因素。静态人口因素包括人口规模、人口结构；动态人口因素包括人口发展、人口迁移。人口结构又包括自然结构、社会经济结构、空间结构三个方面，人口动态其实就是这三个方面的变化。

相比城市硬件建设，宜居城市对软环境中作为主导力量的人的因素有着更高的要求，基础设施建设与宜居城市建设具有直接的关系，交通距离与生活便利性的关系，从居住地到铁路车站的距离与通勤便利性，从居住地到医疗设施的距离与购物、医疗、福利设施的便利性存在很强的关联性。交通基础设施的发展缺陷也会影响城市的宜居性。

三、经济因子

经济是城市的支柱，合理的产业结构、发达的经济运行体系、殷实的居民收入、科学合理的消费方式都是城市宜居性的重要条件。大庆市作为黑龙江省西部重要城市，经济增长方式应由粗放式外延型向集约式内涵型转变，积极推广减少消耗、重复使用和循环利用的"3R"战略，提高效益、节约资源消耗、减少废物，保护并合理利用自然资源，提高资源再生水平和综合利用水平。

经济因素对城市宜居性的重要影响可以从两个层面理解：宏观层面地区经济的发达程度决定了城市服务及设施的供给水平；微观层面居民的收入水平很大程度上决定了居民获取资源的能力。

居民宜居性评价与地区经济情况紧密相关，将可支配收入称作解释生活质量主观评价的一个多维的经济学指标，在居民可支配收入高于评价水平的地区，居民对该地区社会条件的满意度也相应较高。

宜居性应是可持续的，而持续发展的动力和前提都是城市经济的发展。所以要使一个城市宜居，必须使城市的经济系统运转良好，经济要素是城市宜居性建设必须考虑的要素。

四、社会因子

稳定的社会治安、充满关爱的人际关系、完善的公共服务体系、健康安全的食品、浓厚的文化底蕴都是和谐社会的标志。宜居城市应创造一个能够保障平等、人权自由、接受教育、免受暴力侵犯的社会环境，促进人口及社会的和谐发展，形成安全而稳定的社会秩序，逐步健全社会保障体系和服务体系及公共服务设施，完善综合服务能力，使居民在任何情况下都能安全、稳定地工作和生活。此外，还应尊重历史，保护和继承文化遗产，尊重居民的信仰和生活习性，进一步完善法律和法规体系完善。

城市管理机制的创新，要以治理促进管理、管理深化治理为基础，通过学习借鉴国内外的先进经验来建立与完善相应的法律法规。只有这样，才能使城市变得文明、整洁和有序。

城市安全治理是一个系统工程，需要统筹规划，多方协调。要将安全风险防控贯穿到整个城市规、建、管全过程。从治理主体角度看，需构建"政府主导、企业主体、高校科研院所支撑、金融保险辅助、公众参与"的城市安全治理体系。首先，通过长期举行"共建美好家园"等类似活动，宣传和提高社会道德，倡导和促进社会文明。其次，可以动员广大人民群众参与到现代城市的规划、建设、管理中来，争做文明市民，争创文明城市，形成人民城市人民爱、人民城市人民建的浓厚氛围。

第七章

大庆市宜居城市
建设措施

一、构建良好的城市生态系统

大庆作为典型石油型城市，由于石油企业效益好，城市处在成熟期的后期，资源产业衰退不明显，但城市的对外依存度较低，若要形成综合化和开放型的经济体系，还要进一步拓展外部市场。针对城市产业单一化严重问题，要尽快培育接续产业，实现资源型城市产业成功转型。

营造宜人的城市生态环境体系。宜人的环境包括自然环境的舒适性和环境质量的健康性，宜人的环境能够让居民感受到身心的愉悦，享受到自然环境和人文景观之美。建设宜人的生态空间。要加大对森林、湿地、生物多样性和生态脆弱区等生态系统的保护，修复和改善城市内山水、河流等自然生态环境。增加城市绿色空间和开敞空间，合理布局城市公园和绿地，营造良好的河流、湖泊景观。改善居住环境，为居民提供休憩和交流的绿色空间。

要坚持以人为本的规划理念，以提高城市居民的幸福感和满意度为核心，以时不我待的紧迫感和责任担当，全力抓落实、抓开工、抓进度，深入推进各项目建设。要坚持做到城市建设高标准、高质量、严要求，不断优化城市空间布局，健全公共服务体系，着力提升城市的协调性和宜居性，不断提升城市整体形象和品质品位，一定要让人民群众切身感受到城市建设的明显变化，让群众在城市中生活得更方便、更舒心、更美好，有更多的幸福感和获得感。

二、贯彻绿色理念，坚持发展与保护协同共进

大庆市在新发展理念指导下，不断加速资源型城市转型的步伐，昔日油城发展成为一座绿色之城。绿色大庆，不仅释放出城市发展的新动能，更彰显中国资源型城市转型新理念："让绿色走进城市，让城市拥抱绿色。"

实现传统矿区型城市向绿色生态城市转型，加快粗放消耗型生态向绿色低碳型生态跨越。大庆市秉承绿色发展理念，运用信息化、市场化、绿色化理念和方式，嫁接先进技术、淘汰落后产能，推动石油、石化等"老字号"传统产业向中高端迈进，让老树发新芽。

推动接续产业"绿色版"，将汽车、新材料、现代农业、电子信息、现代服务业等技术含量较高、资源消耗低及环境污染相对较少的产业纳入全市重点产业规划，大力培育扶持。坚守着发展与生态之间的平衡，大庆实现从"环境换取增长"到"环境优化增长"的蜕变，推动城市工业文明与生态文明协调并进。

三、完善城市基础设施建设

城市基础设施建设是完善城市功能、提升城市形象、方便市民生活的重要工程。近年来，大庆市将市民公园、公共绿地建设纳入文明创建重点工程。截至目前，城区人均公园绿地面积14.6平方米、建成区绿地率41.4%，达到并超过了创建标准。

大庆作为黑龙江第二大经济体，要立足"当好标杆旗帜、建设百年油田""争当资源型城市转型排头兵"的要求，从"国家和省里需要我们做什么、我们能够做好什么"的高度，从服务和融入构建新发展格局的角度，锚定"三个城市"建设目标，突出工业振兴重点，在服务国家发展大局、服务龙江振兴全局中乘势而上，贡献大庆力量。

坚持"绿色、高端、和谐、宜居"的城市发展理念，主动作为、扎实履职，全力抓好交通基础设施建设。狠抓薄弱设施建设，持续提升城市形象、完善城市功能、塑造城市品位。以城市更新为手段，逐渐补齐城市短板，提升人居环境品质，提高群众的幸福感和获得感。通过城市更新，利用城市发展基础，打造多层级、全覆盖的服务设施，提升中心城区对区域人口的吸引力、凝聚力，特别是对创新创业人才的吸引力，逐步提高全市城镇化发展水平。通过搭建文旅休闲、城市服务等产业体系，促进优质生活服务业集聚发展，增强旧城服务能级，促进大庆市产业提升发展，助力建设生态文明示范城市。

四、构建可持续的城市经济环境体系

城市经济活动要避免对环境和生态系统的破坏，构建有利于城市环境可持续发展的生产和消费方式。

在生产方面，要采用先进技术和管理方式，推动产业向低碳化、绿色化、循环化、可再生化方向发展，城市和产业布局要与环境和生态格局相协调，控制对环境有不利影响的经济活动行为。

在消费方面，鼓励居民养成节约健康的生活方式，提倡绿色消费和低碳出行，形成人人关爱环境的社会风尚和文化氛围。

在创新方面，营造有利于创新人才和企业发展的创新平台，构建有利于人才交流的社会文化环境，完善创新创业发展生态链，使创新成为推动城市经济发展的主动力。

参考文献

[1] 胡伏湘. 长沙市宜居城市建设与城市生态系统耦合研究 [D]. 中南林业科技大学，2012.

[2] 黄霜. 宜居城市建设与城市生态系统耦合研究 [J]. 管理观察，2016.

[3] 娄梦玲，王桢. "生态耦合"视角下城市生态体系构建及空间形态优化探究 [J]. 城市建筑，2020.

[4] 李冬冬. 城市生态建设与城市经济竞争力协同机制研究 [D]. 吉林大学，2014.

[5] 王小双，张雪花，雷喆. 天津市生态宜居城市建设指标与评价研究 [J]. 中国人口·资源与环境，2013.

[6] 张文忠. 宜居城市建设的核心框架 [J]. 地理研究，2016.

[7] 周岚，施嘉泓，丁志刚. 新时代城市治理的实践路径探索——以江苏"美丽宜居城市建设试点"为例 [J]. 城市发展研究，2020.

[8] 姚翠友，陈国娇，张阳. 基于系统动力学的城市生态系统建设路径研究——以天津市为例 [J]. 环境科学学报，2020.

[9] 王效科，苏跃波，任玉芬等.（2020）城市生态系统：人与自然

复合 . 生态学报 2020.

[10] 赵丹 . 城市生态系统综合诊断与建设策略研究 [D]. 西北大学，2017.

[11] 崔媛，芮子秋，赵理玥 . 环境约束条件下我国城市宜居水平测度研究——以 247 个地级市为例 [J]. 统计与管理，2021.

[12] 青岛市住房和城乡建设局 . 深入践行绿色发展理念打造绿色宜居城市新典范 [N]. 中国建设报，2020.

[13] 徐建光 . 打造全球一流现代化康养宜居城市 [N]. 上海科技报，2020.

[14] 中国城市科学研究会 "宜居城市" 课题组第二主干课题 "宜居城市科学指标评价体系" 研究组 . 宜居城市科学评价标准探讨 [C]// 提高全民科学素质、建设创新型国家——2006 中国科协年会论文集（下册）.2006.

[15] 王婷婷 . 东北地区城市宜居性评价与时空演变研究 [D]. 东北师范大学，2014.

[16] 李业锦，张文忠，田山川，等 . 宜居城市的理论基础和评价研究进展 [J]. 地理科学进展，2008.

[17] 董晓峰，杨保军 . 宜居城市研究进展 [J]. 地球科学进展，2008.

[18] 张文忠 . 宜居城市的内涵及评价指标体系探讨 [C]//2006 中国科协年会 9.2 分会场 .0.

[19] 田山川 . 国外宜居城市研究的理论与方法 [J]. 经济地理，2008.

[20] 单吉堃，巢佩玲.基于 Cite Space 的我国宜居城市研究现状与趋势分析 [J].经济问题，2022.

[21] 苏美蓉，杨志峰，王红瑞，等.一种城市生态系统健康评价方法及其应用 [J].环境科学学报，2006.

[22] 徐琳瑜.城市生态系统复合承载力研究 [D].北京师范大学，2003.

[23]MENG Bin，YIN Weihong，ZHANG Jingqiu，等.The spatial characteristics of the livable city satisfaction degree Index in Beijing 北京宜居城市满意度空间特征 [J].地理研究，2009.

[24] 刘凯.济南宜居度评价与宜居城市建设研究 [D].山东师范大学，2014.

[25] 袁坤，韩骥，孟醒，等.宜居城市研究进展 [J].中国人口·资源与环境，2016.

[26] 李雪铭，兰敬伟，田深圳，等.京津冀生态宜居与宜业耦合协调发展研究 [J].辽宁师范大学学报：自然科学版，2022.

[27] 梁华江.新型城镇化背景下钦州市建设宜居城市路径探析 [J].广西城镇建设，2021.

[28] 邱占勇，宋磊，张依欢，等.辽西北地区生态宜居城市建设路径探析 [J].辽宁工程技术大学学报：社会科学版，2021.

[29] 王燕.美丽宜居城市建设的探索与实践——以江苏新沂为例 [J].江南论坛，2022.

[30] 黄佳慧 . 推进智慧交通建设打造大庆宜居城市 [J]. 商业经济，2016.

[31] 贾占华，等 . 东北地区城市宜居性评价及影响因素分析——基于 2007–2014 年面板数据的实证研究 [J]. 地理科学进展，（2017）.

[32] 大庆市城乡规划局 . 多措并举打造"宜居"大庆 [J]. 中国建设信息，2012.

[33] 夏立华 . 建设富裕、宜居、和谐、文明、智慧、活力大庆开创现代化国际城市建设的新局面 [J]. 活力，2012.

[34] 何忠华 . 把美丽的大庆油田建成宜业宜居城市 [N]. 中国建设报，2019.